"十四五"职业教育部委级规划教材

服装陈列设计"1+X"职业技能等级证书配套教材

服装陈列设计
（初级）

汪郑连　白静　胡燕　编著

中国纺织出版社有限公司

内 容 提 要

　　本书既是"十四五"职业教育部委级规划教材，也是服装陈列设计"1+X"职业技能等级证书配套教材。本书以职业技能为导向，内容包括初级服装陈列员岗位要求、零售管理、店铺基础陈列、橱窗基础陈列四大部分，满足服装终端店铺陈列人员和导购的岗位需求和职业技能要求。本书理论与实际结合，图文并茂，可供中等职业学校、高等职业学校、应用型本科院校学习服装陈列设计的学生及服装企业陈列专业人员阅读学习。

图书在版编目（CIP）数据

　　服装陈列设计：初级 / 汪郑连，白静，胡燕编著
. -- 北京 ：中国纺织出版社有限公司，2023.3（2025.2 重印）
　"十四五"职业教育部委级规划教材
　ISBN 978-7-5229-0314-9

　Ⅰ . ①服… Ⅱ .①汪… ②白… ③胡… Ⅲ .①服装 –陈列设计 –职业教育 –教材　Ⅳ.①TS942.8

　中国国家版本馆 CIP 数据核字（2023）第 007953 号

责任编辑：张晓芳　　特约编辑：苗 雪
责任校对：江思飞　　责任印制：王艳丽

中国纺织出版社有限公司出版发行
地址：北京市朝阳区百子湾东里A407号楼　邮政编码：100124
销售电话：010—67004422　传真：010—87155801
http://www.c-textilep.com
中国纺织出版社天猫旗舰店
官方微博http://weibo.com/2119887771
北京通天印刷有限责任公司印刷　各地新华书店经销
2023年3月第1版　2025年2月第2次印刷
开本：787×1092　1/16　印张：16
字数：330千字　定价：79.00元

凡购本书，如有缺页、倒页、脱页，由本社图书营销中心调换

前　言

随着时尚产业经济结构转型升级和工业化进程速度加快，特别是以人工智能为代表的新一代信息技术革命的迅猛发展，一大批新技术、新业态、新职业、新岗位、新工种不断问世，技术技能新标准、职业岗位新要求也随之颁布，传统的"一技之长"人才培养要求已经不再符合"一人多岗、一岗多能"的现实需要。面对这些新情况，职业院校只有与时俱进，才能进一步满足时尚产业对高素质复合型技术技能人才的需要，满足学生面向未来的就业及职业生涯发展需要。

2019年1月，国务院印发《国家职业教育改革实施方案》，明确"启动'1+X'证书制度试点工作""鼓励职业院校学生在获得学历证书的同时，积极取得多类职业技能等级证书"，为畅通高素质复合型技术技能人才培养通道，解决职业教育与经济社会发展不够契合、类型教育特色不明显的问题提供了指导。

响应时尚产业需求，贯彻落实教育部"1+X"证书试点，满足学生职业可持续发展和个性化发展，2021年，北京锦达科教开发总公司组织服装陈列行业专家和院校学者围绕服装陈列设计工作岗位，解析工作任务和职业能力，制定了服装陈列设计职业技能等级标准，并获批第四批职业技能证书标准进行公示。此标准明确了服装陈列设计工作中三大工作岗位、各工作岗位对应的能力等级，并形成了各级任务和能力清单。

本书作为服装陈列设计"1+X"职业技能等级证书配套培训教材，引入"活页式"教材理念，遵循既定技能等级框架，基于"工作任务—职业能力"组织设计教材体例结构，并按照服装陈列设计初级店铺陈列助理及导购的工作，分4个工作领域、9个任务、19个子任务。其中任务导入、任务目标、任务实施组成了教材主体部分内容，具体的案例示范都以突出实际工作方法的训练及能力培养为目的；知识学习、任务评价、任务笔记、任务题库组成了笔记部分内容，知识内容是按照完成工作任务的要求以及工作内容、工作过程进行设计，"教、学、做"环节清晰，链接合理。通过完成19个子任务，帮助学生形成流程性思维，培养学生的学习主动性，掌握服装陈列设计初级岗位所需的核心知识和技能，培养职业素质和价值观。

本书在中国纺织服装教育学会、北京锦达科教开发总公司的关心和支持下，在宁波博洋服饰集团、宁波中哲慕尚控股有限公司等服装品牌支持下，由浙江纺织服装职业技术学院牵头，浙江农林大学、平湖市职业中等专业学校、山东服装职业学院、东莞市纺织服装学校、柳州市第二职业技术学校等近20所中高职院校通力合作下，于2022年6月完稿。

本书由汪郑连、白静、胡燕、陈渊峰负责全书框架设计、确定各章节基本内容，提出编写要求，并进行总纂定稿。其中，工作领域一由汪郑连和李金强编写；工作领域二由胡燕、陈渊峰、汪郑连、蔡南雪、柴瑛、孙凯、阮劲梅、智绪燕、李晓晨、张文琪、蔡晓秋编写；工作领域三由汪郑连、宋格、兰伟华、刘兆霞、白晨璐、吕智嫔、吴倩、瞿惠筠、余万霞编写；工作领域四由汪郑连、张艳、付凯峰、宋程程、刘琼编写。全书由蔡南雪和靳高霞制作效果图，汪郑连和柴瑛提供照片素材，汪郑连、刘菲、胡海鸥、郑宁、柴瑛提供视频素材，贾红妍、曾志婷提供企业案例和素材。在这里，向以上各位同仁、专家致以崇高的敬意！当然，在本书的编写过程中，我们有选择地参考了一些著述成果，同时也引用了一些图文，在此谨向原作者深表谢意。

编著者

2022年6月

目　录

工作领域一 初级服装陈列员岗位要求

任务 1 服装陈列岗位认知

【思维导图】

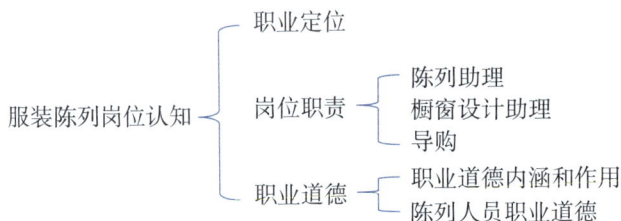

【任务导入】

小张是中职服装陈列与展示设计专业毕业生，因为考取了"服装陈列设计（初级）"证书，顺利在一家服装公司就业，从事店铺陈列助理的工作。小张发现，在每天开展店铺工作的例会上，店长李老师布置完每位职员的任务和注意事项后，都要强调："大家一定要牢记自己的岗位职责，一定要遵守陈列工作职业道德！"

【任务目标】

（1）了解服装陈列设计（初级）职业定位。
（2）明确服装陈列设计（初级）人员的岗位职责。
（3）遵守服装陈列工作职业道德。

【知识学习】

服装陈列人员明确自己的岗位定位是完成本职工作的前提，本次工作任务是明确服装陈列设计（初级）人员职业定位、岗位职责和应遵守的职业道德。

一、职业定位

服装陈列设计是指经过各级岗位技能培训、获得相关专业能力证书的专业陈列设计人员通过对产品、橱窗、货架、通道、人形模特、灯光、色彩、音乐、海报等的一系列设计元素进行有目的、有组织的科学规划，为大型商场、品牌公司、买手店铺把物质商品和品牌精神传达给受众的创造性意识活动，从而促进产品销售，提升品牌形象。

服装陈列设计（初级）的职业定位是主要面向服装及相关销售企业的陈列助理、橱窗设计助理、导购等岗位，从业者具有在终端陈列手册指导下进行服装商品管理和终端基础陈列等能力，能够从事店铺零售管理、店铺陈列执行、橱窗陈列执行、服装陈列维护等工作。

二、岗位职责

（一）陈列助理

陈列助理辅助服装陈列师执行、维护店铺陈列等工作。当店铺陈列需要微调时，陈列助理可以独立承担部分调整工作。陈列助理也应对品牌文化和产品设计理念有一定的了解和认识。

陈列助理可以晋升为陈列师。

（二）橱窗设计助理

橱窗设计助理辅助橱窗设计师研发及执行新品上市、节假日活动以及新店开业等主题橱窗陈列，辅助陈列师维护店铺橱窗等工作。

橱窗设计助理可以晋升为橱窗设计师。

（三）导购

导购员的工作职责就是通过与顾客进行充分的沟通，把产品的性能、特色以及品牌特点等介绍给顾客，从而使顾客愿意购买该品牌的产品。导购最接近顾客、了解顾客需求，也最能充分接触终端卖场。陈列最终的目的是销售，因此，品牌公司通常会在店铺中选择导购担任陈列助理，辅助陈列师的工作。

在很多品牌中，陈列师的培养路径是导购—陈列助理—陈列师。

三、职业道德

（一）职业道德内涵和作用

1.道德
道德是一种社会意识形态，是调整人们相互关系的行为准则和规范。
2.职业道德
职业道德是人们在职业生活中应遵循的基本道德，是职业品德、职业纪律、专业胜任能力及职业责任等的总称。职业道德也同人们的职业活动紧密联系，是符合职业特点所要求的道德准则、道德情操与道德品质的总和。它既是对本职人员在职业活动中的行为标准和要求，也体现职业对社会所负的道德责任与义务。
3.职业道德特点和作用
在道德的基础上突出职业性、继承性、实践性、多样性。从业人员在职业活动中通过遵循忠于职守、乐于奉献、实事求是、不弄虚作假、依法行事、严守秘密、公正透明、服务社会等原则，促进从业人员内部及与服务对象的关系，维护和提高企业的信誉，进而促进本行业的发展，提高全社会的和谐进步。

（二）陈列人员职业道德

（1）举止端庄，文明礼貌，遵纪守法。

（2）爱护商品，使商品不受自然和人为的损坏。

（3）热爱服装陈列设计工作，忠于职守，履行岗位职责。

（4）认真学习专业技术，在工作中精益求精，力求熟练掌握职业技能。

（5）在岗位上体现以人为本的理念，根据消费者的心理和购买行为设计、执行陈列，为消费者提供优质的陈列服务。

（6）对同事以诚相待、互敬互让、取长补短、助人为乐。

【学习笔记】

【知识题库及答案】

（一）单选题

（ A ）的职业定位是主要面向服装及相关销售企业，从业者具备从事陈列助理、橱窗设计助理、导购等岗位的零售管理、店铺基础陈列等工作能力，具有在终端陈列手册指导下进行服装商品管理和终端基础陈列等能力，能够从事店铺零售管理、店铺陈列执行、橱窗陈列执行、服装陈列维护等工作。

A. 服装陈列设计（初级）　　　B. 服装陈列设计（中级）　　　C. 服装陈列设计（高级）

（二）多选题

1. 服装陈列设计（初级）主要岗位定位为（ ABC ）。

A. 陈列助理　　　　　　　　B. 橱窗设计助理　　　　　　　C. 导购

2. 职业道德是人们在职业生活中应遵循的基本道德，是（ ABCD ）等的总称。

A. 职业品德　　　　　　　　B. 职业纪律

C. 专业胜任能力　　　　　　D. 职业责任

3. 职业道德是同人们的职业活动紧密联系，符合职业特点所要求的（ ABC ）的总和，它既是对本职人员在职业活动中的行为标准和要求，也体现职业对社会所负的道德责任与义务。

A. 道德准则　　　　　　　　B. 道德情操　　　　　　　　　C. 道德品质

（三）判断题

1. 职业道德的作用是促进从业人员内部及与服务对象的关系，维护和提高企业的信誉，进而促进本行业的发展，提高全社会的和谐进步。（ √ ）

2. 陈列设计师只要热爱服装陈列设计工作，认真学习专业技术，其他的就不用管。（ × ）

3. 职业道德既是对本职人员在职业活动中的行为标准和要求，也体现职业对社会所负的道德责任与义务。（ √ ）

任务 2　服装陈列师素质要求

【思维导图】

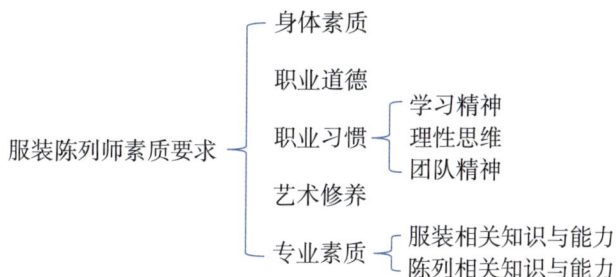

【任务导入】

小张具有"服装陈列设计（初级）"证书，在某公司试用陈列助理三个月后，申请工作转正，遗憾的是转正延期。原因是小张在试用期间，经常不参考品牌陈列标准和陈列季节指引，而根据自己的喜好做陈列执行。

请根据小张转正延期案例，审视自己在服装陈列设计方面的素质和能力，确立学习目标。

【任务分析】

掌握服装陈列设计知识和技能可以实现美化店铺、提升品牌形象和促进销售。综合素质和能力还能决定一个人的人生高度，素质高低和能力大小是一个人职业生涯成败的关键。

1. 知识目标

了解服装陈列师（初级）需要具备的各项素质和能力。

2. 技能目标

能找出自身与专业岗位所需素质和能力的差距，制订学习计划。

【知识学习】

作为一名从事服装陈列工作的专业人才，除了要具备一定的专业能力与知识，个人职业素质的培养也非常重要。职业素质作为个人综合能力的体现，影响和制约它的因素有很多，主要包括受教育程度、实践经验、社会环境、工作经历以及自身的一些基本情况。通常职业素质很大程度上决定一个人能否取得成就，往往职业素质越高的人，获得成功的可能性就越大。初级服装陈列师需要具备的素质主要包括以下五个方面。

一、身体素质

服装陈列工作强度高、压力大，需要身体力行完成店铺陈列任务，很多工作经常需要在店铺结束营业后去完成，所以需要有很好的体力与耐力。

二、职业道德

职业道德主要包括诚信、守信等各种综合品质，只有培养良好的职业道德品质，才能成为具有良好职业素养的人或工作者。职业道德决定了一个人的人生高度，是一个人职业生涯成败的关键因素。

三、职业习惯

（一）学习精神

服装行业需要永远保持学习精神，要求从业人员具有强烈的求知欲，能够和时代同步，走在时代的前沿。

（二）理性思维

服装陈列工作需要客观冷静地分析店铺陈列需求、顾客需求，也需要对店铺销售数据做计算分析，所以需要具备一定的理性分析能力。

（三）团队精神

服装陈列工作往往需要团队合作来完成，且陈列工作会跟设计部、销售部等其他部门打交道，所以还应具有团队合作精神。

四、艺术修养

作为一名视觉营销的工作者，需要具备开阔的视野，能够从多方面汲取艺术的养分。在长久的艺术熏陶中，培养良好的审美能力、对艺术高度的热情、丰富的感受力和充分的想象力。

五、专业素质

（一）服装相关知识与能力

主要包括服装设计、服饰搭配、市场营销、消费心理学、服装广告设计、买手等方面的知识与能力。

（二）陈列相关知识与能力

主要包括店铺陈列规划、店铺陈列设计、橱窗设计、零售管理等方面的知识与能力。

【任务实施】

任务实施规划表如表1-1所示。

表1-1　任务实施规划表

步骤	操作程序
自我评估	1. 评估自己的兴趣、特长、性格 2. 评估自己的知识、技能 3. 评估自己的思维方式、方法和道德素养
环境分析	1. 评估周边各种组织环境对自己职业生涯发展的影响 2. 评估周边各种政治环境对自己职业生涯发展的影响 3. 评估周边各种经济环境对自己职业生涯发展的影响
确定目标	1. 短期目标：参加服装陈列设计技能培训，考取初级陈列设计职业技能证书 2. 中期目标：在目前的职业岗位上运用和不断提升职业技能，有意识地培养职业素养，积极参与和协助店长的工作 3. 长期目标：等待机会，积极竞聘陈列助理岗位，运用已经掌握的职业技能和良好的职业素养胜任陈列助理岗位
制订计划	制订相应的教育和培训计划
计划实施	参加初级服装陈列等级培训

步骤	操作程序
评估反馈	1. 对目标执行情况进行总结，确定哪些目标已按照计划完成，哪些目标未完成 2. 对未完成的目标进行分析，找出原因，制定解决相应问题的对策和方法 3. 依据评估结果对下一步的计划进行修订与完善

【任务评价】

任务评价考核表如表1–2所示。

表 1-2　任务评价考核表

评分任务	分值（总分100）	评价	评分标准
自我评估	20		59~0分：与形成性考核任务要求不一致
环境分析	20		69~60分：基本符合任务要求，整体任务分析/制定客观性欠佳
目标确定	30		79~70分：符合任务要求，整体任务分析/制定客观性一般
学习计划	30		89~80分：符合任务要求，整体任务分析/制定较客观 100~90分：符合任务要求，整体任务分析/制定客观

【学习笔记】

【知识题库及答案】

（一）单选题

服装陈列专业素质包含服装相关知识与能力和（ C ）。

A. 店铺陈列规划　　　　　　　　B. 零售管理

C. 陈列相关知识与能力　　　　　D. 店铺陈列设计

（二）多选题

1. 服装陈列师具备的心理素质包含（ ABC ）。

A. 学习精神　　　　　　　　B. 理性思维　　　　　　　　C. 团队精神

2. 服装陈列师具备的综合素质包含（ ABCD ）等。

A. 身体素质　　　　　　　　B. 职业习惯

C. 艺术修养　　　　　　　　D. 专业素质

（三）判断题

1. 职业素质作为个人综合能力的体现，影响和制约它的因素有很多，主要包括：受教育程度、实践经验、社会环境、工作经历以及自身的一些基本情况。（ √ ）

2. 通常职业素质很大程度上能够决定一个人能否取得成就。（ √ ）

工作领域二 零售管理

任务1 服装商品认知

任务1.1 服装店务操作系统认知

【思维导图】

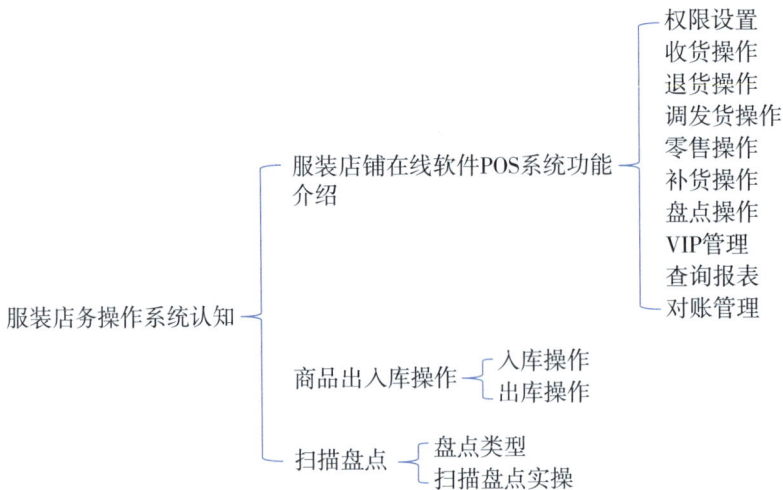

【任务导入】

（一）任务描述

　某女装轻奢品牌店铺一波夏季货品到店。请根据店铺相应软件完成以下3个小任务。

（1）软件界面功能认知。

（2）商品出入库操作。

（3）扫描盘点。

（二）任务要求

（1）单人操作。

（2）利用"在线店务"系统完成（图2-1、图2-2）。

（三）任务目标

　1.知识目标

（1）了解系统基本界面和工作分区。

（2）了解出库入库POS系统操作步骤。

（3）了解商品扫描盘点的操作步骤。

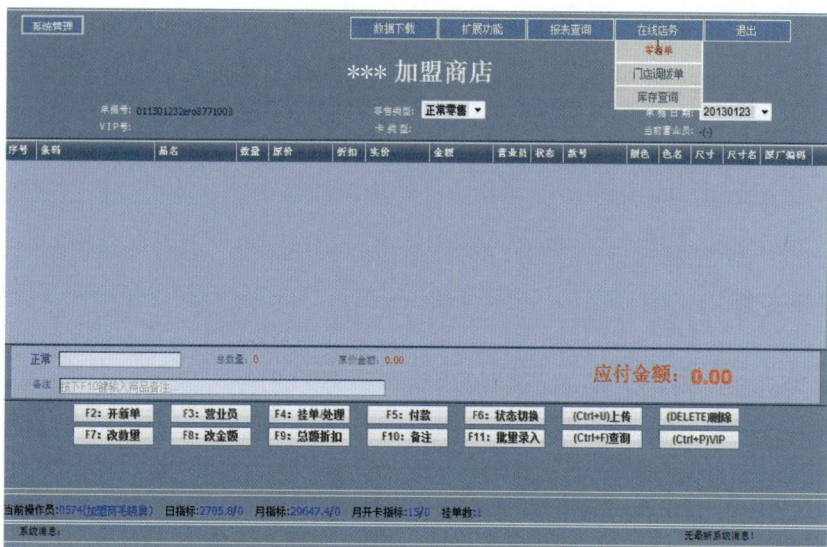

图2-1 登录系统"在线店务"

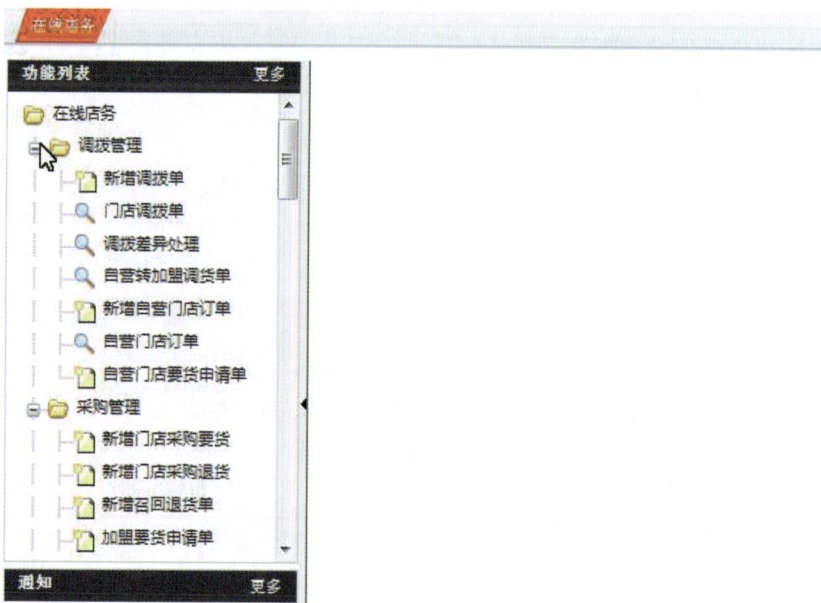

图2-2 系统"在线店务"功能列表

2. 技能目标

（1）能完成商品入库和出库。

（2）能盘点商品。

3. 素质目标

（1）了解不同公司在线POS系统，具备一定的探究精神。

（2）具备耐心、细致的工作素质和良好心态。

【知识学习】

一、服装店铺在线软件POS系统功能介绍

服装店铺在线软件POS系统针对服装行业特点设计，可满足广大服装行业用户在连锁经营管理、零售批发管理、物流仓储管理和内部管理上的需要。企业可以借助服装店铺软件的优势，实现规范的流程管理，提供快速的营销决策依据。服装店铺软件有如下十项功能。

（一）权限设置

设定多个权限组，对相应的人员分配不同权限，保证信息的安全。

（1）店长权限：渠道分销管理系统（统计查询、业务结账、单据维护），POS总部管理系统（报表查询）。

（2）店长助理以上权限：渠道统计服装店铺管理软件（门店配货、门店零售、库存管理、渠道内调货、渠道客户订单、统计查询），POS总部管理系统（会员管理、终端销售指标设置、店员管理、报表查询、盘点管理、业务单据）。

（3）普通店员权限：渠道仓管服装店铺管理软件（库存管理、渠道收货、发货管理），终端收银POS终端系统（前台收银、顾客信息、进销存情况、报表查询）。

（二）收货操作

终端使用POS系统后，可以对收到的货品立即做"终端进仓单"，核对实物和单据是否一致，如不一致立即生成差异，做差异处理，保证了入库数据的准确性。

（三）退货操作

服装店铺管理软件POS系统中，如果终端需要退货，就要向货品管理部门提起申请，并在收到货品管理部门的退货通知后才能退货，有利于货品管理部门对市场统一管理，对终端门店货品进行统一调配，避免原先终端随意退货的情况，保证库存数据的准确。

（四）调发货操作

货品管理部门通过服装店铺软件POS系统可以查询到仓库和终端的库存及销售数据，并对数据进行分析，对本区域的货品进行统一调配，达到货品的合理分配，同时也能实时掌握终端之间的调货情况，有利于对库存的管理。

（五）零售操作

通过POS终端系统收银，能够实时掌握终端销售数据，跟踪终端库存的变化。通过条码设备录入可以消除手工填写小票的失误，保证了数据的准确性。利用POS终端系统收银，可以实时记录营业员销售记录、VIP会员消费记录、计算消费积分。当天结账后，可以立即汇

总数据进行营销分析，还可查看本机的收银记录，增加前台日志记录跟踪安全。

（六）补货操作

终端店铺在POS终端系统里填写"终端要货单"，货品管理人员可以立即收到终端店铺要求，减少原先电话或传真要货沟通可能产生的失误，提高工作效率。货品管理人员可以将终端要货数据汇总起来再统一配货，结合终端的销售和库存，完成货品分配，达到库存最优化，减少占用库存。

（七）盘点操作

服装店铺软件POS系统会把第一次盘点作为初始数据，以后门店的所有进货、退货、销售、客户退货、调配都由店铺自己操作，店铺的库存完全由店铺自己管理，总部不能随意更改店铺数据，如果需要更改，也必须由店铺向总部提出更改要求且修改结果店铺能够知道。

店铺每天需要做手工账，保证手工账和计算机账一致，做到每月盘点。当店铺月盘点的时候，如果有货品丢失，公司将按一定折扣政策要求店铺赔偿。对串色串码的差异，超过一定数量进行罚款，对盘盈的货品充公。对盘点数据差错用进销存跟踪固定报表。

（八）VIP 管理

通过VIP管理让店铺可以实时查询VIP资料、VIP级别和积分，了解VIP的消费习惯，以便更好地为VIP提供服务，从而更好地对VIP关系进行维护。

（九）查询报表

通过系统中的各类报表可以对销售、库存等各种数据进行汇总和分析，让管理人员清楚地了解当前经营状况，为营销管理提供及时、准确的信息。

（十）对账管理

通过POS终端系统对货品出入进行管理，做到实时记录，审核后无法更改，提高对账的效率和准确性。通过系统查询客户对账单，还能实时掌握与总部的往来情况，资金余额等信息。

二、商品出入库操作

门店收到货后，在"库存管理"中，进行出入库的操作。

（一）入库操作

（1）单击左侧功能列表【库存管理】——【入库单】（图2-3）。

（2）输入查询条件，单击【查找】按钮，查寻出对应的入库单（图2-4）。

（3）双击打开这张入库单，输入"实际到货日期"，"入库单明细"区域中的"数量"显示的是总仓的出库数量，门店把实际收到的商品数量输入"入库数量"中，也可以把鼠标点到"商品"处，输入或扫描条码入库（图2-5）。

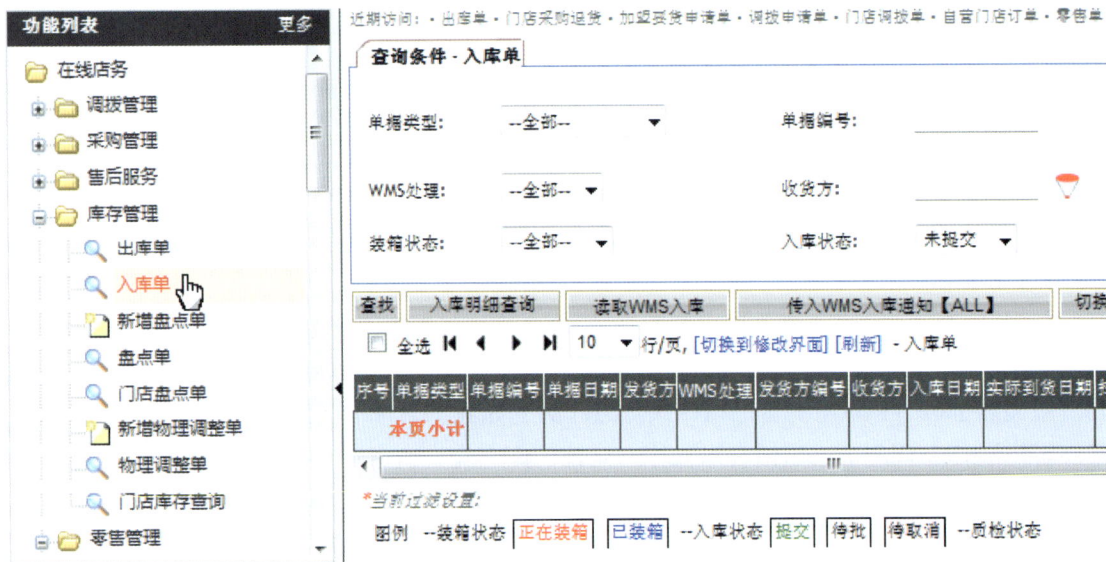

图2-3　入库单

图2-4　入库单查询

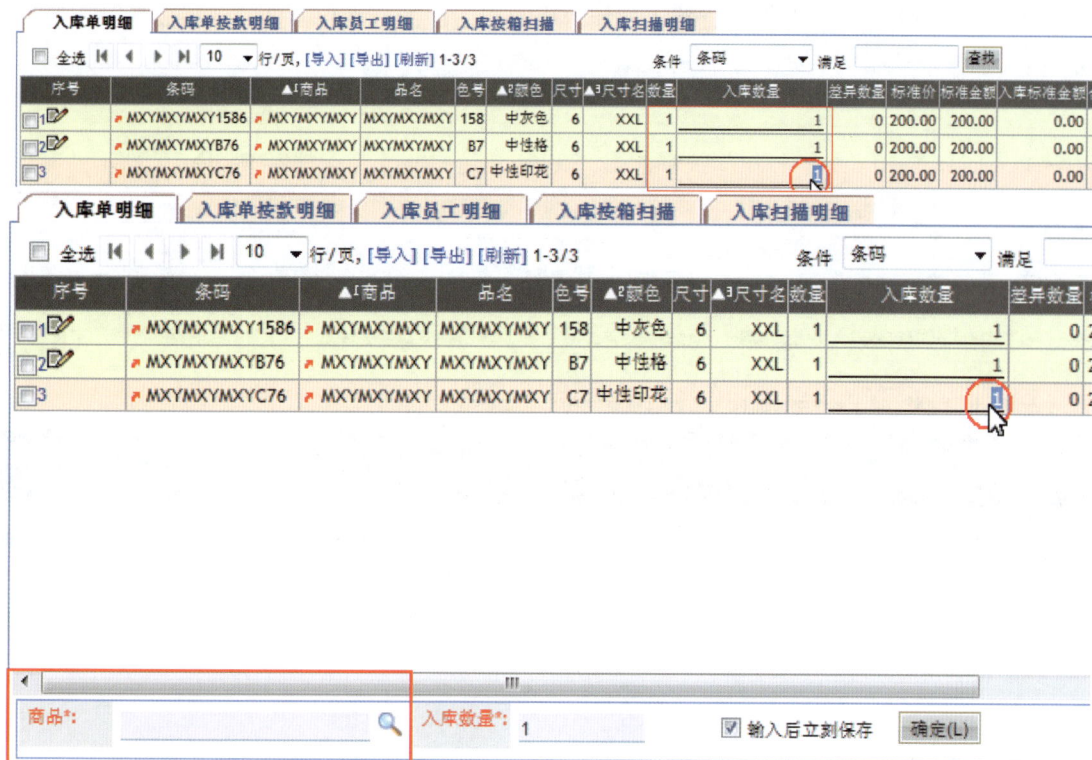

图2-5 入库单明细

（4）如果收货数量有差异，必须在"差异原因"中输入相关信息，最后依次单击【保存】——【提交】按钮，完成收货入库。

（二）出库操作

（1）单击左侧功能列表【库存管理】——【出库单】（图2-6）。

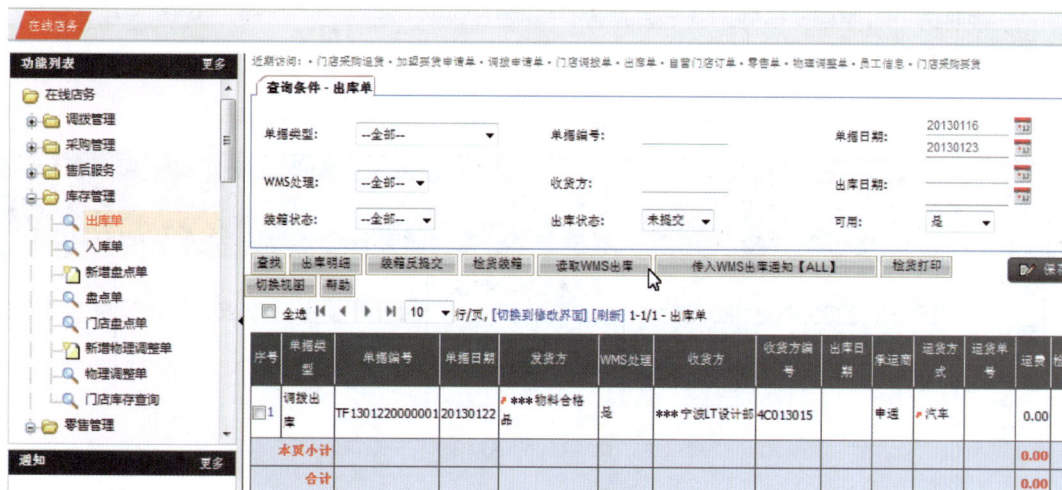

图2-6 出库单

（2）输入查询条件，单击【查找】按钮，查寻出对应的出库单（图2-7~图2-9）。

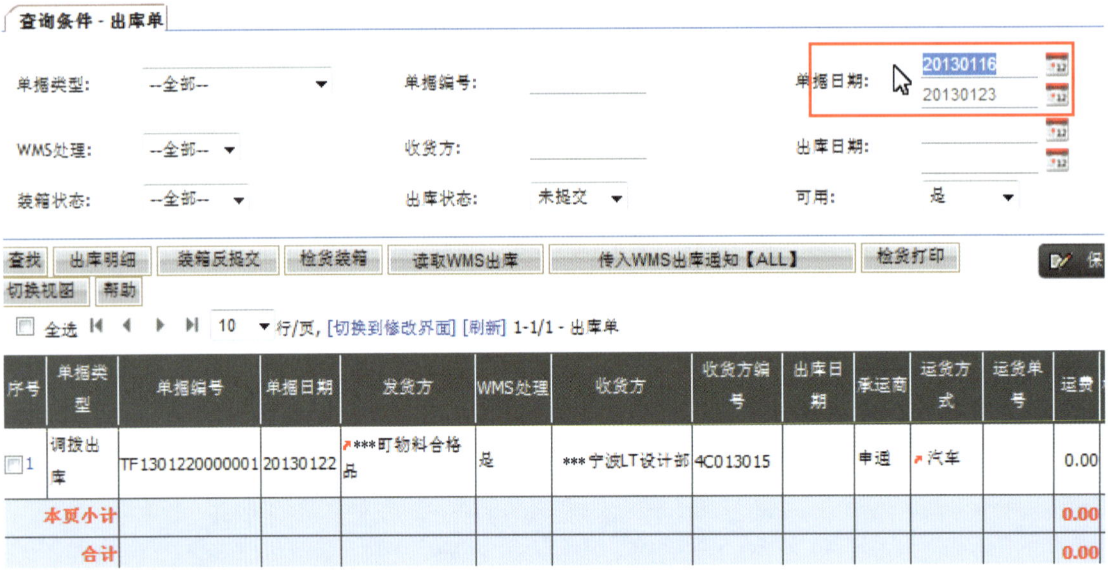

图2-7　出库单查询

图2-8　出库单状态提交

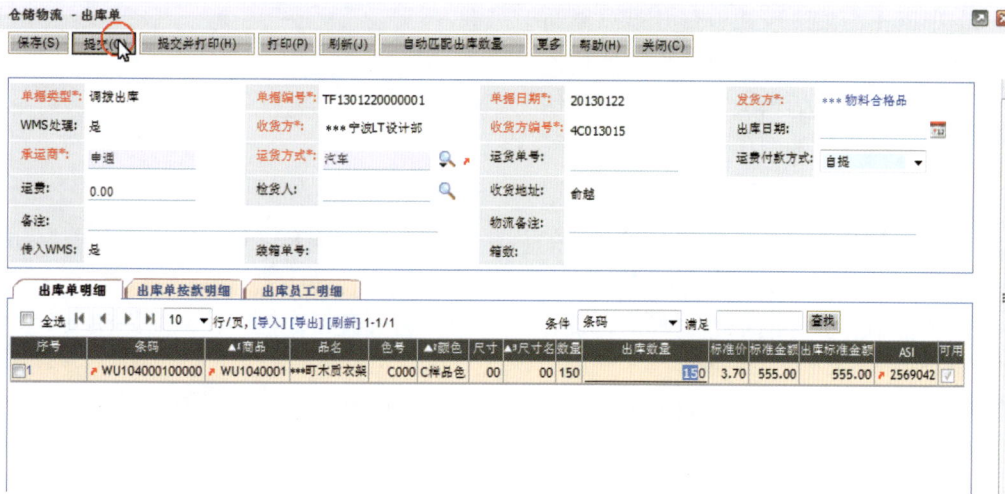

图2-9　出库单确认

三、扫描盘点

（一）盘点类型

（1）进入【库存管理】——【新增盘点单】。

　　店铺盘点分为全盘、随机盘点、历史盘点、抽盘、历史抽盘五种类型。比较常用的是历史盘点、抽盘等（图2-10）。

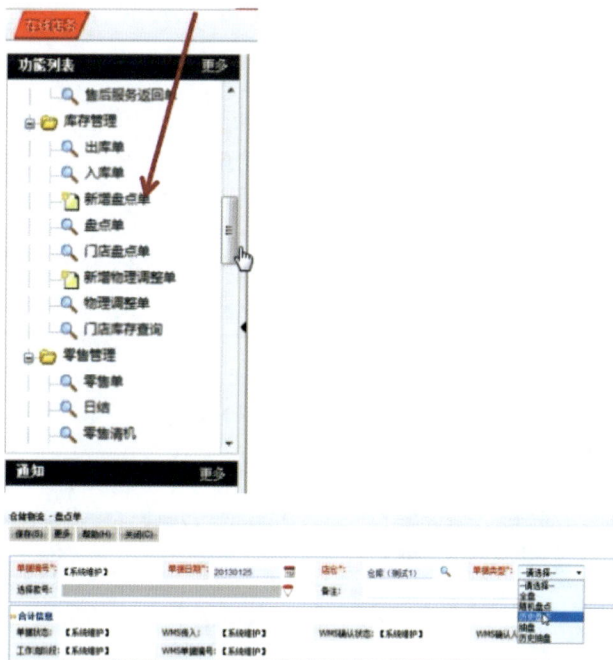

图2-10　盘点单类型

（2）单击【新增】按钮，打开盘点单新增页面。

单据编号：系统自动生成，不需要输入。

单据日期：默认为当天，可根据实际情况修改。

店仓：选择自己的门店。

单据类型：建议门店选择"历史盘点"。

①全盘：指把店仓的账面库存全部刷新出来，盘点人员需要将仓库里面所有的商品都盘点一次，盘点完成后，系统会更新店仓的库存。

②随机盘点：指不管店仓里原有的商品有多少，随机盘点，扫到什么商品就去盘点某个商品的库存。

③历史盘点：指盘点某个过去时间点的库存，即系统会将新建盘点单时间点的库存更新为实际的盘点数量中。

④抽盘：指选择几个款号，并且针对当前的款号进行盘点。

⑤历史抽盘：指盘点某个过去时间点的某些商品的库存。

（3）单击【保存】按钮，出现盘点明细录入界面（图2-11）。

输入盘点明细有两种方法，一种是直接在系统里扫描或输入，另一种是通过PDA盘点，将PDA盘点生成的文件导入系统中。

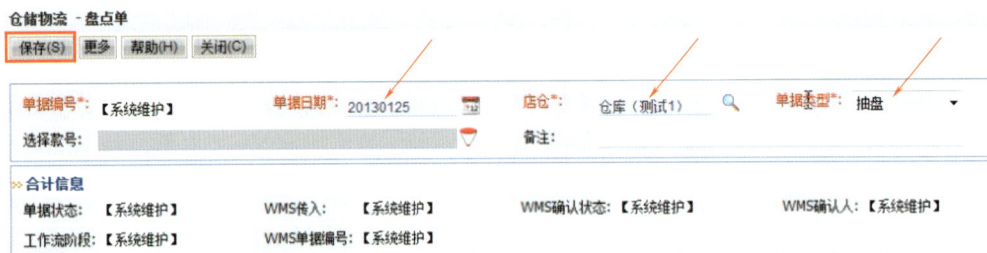

图2-11　生成盘点明细

（二）扫描盘点实操（以历史盘点为例）

（1）进入【库存管理】——【新增盘点单】，单据类型选择【历史盘点】（图2-12）。

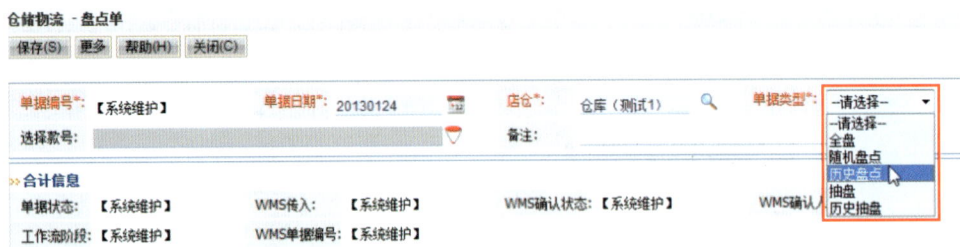

图2-12　选择单据类型

（2）填写完"单据日期""店仓""单据类型"后，使用扫描枪对店仓内的货品进行扫描，或者在盘点明细中直接输入商品款号（图2-13）。

图2-13　使用扫描枪或输入商品款号新增条码

（3）扫描盘点结束后，如果盘点数和实际库存数有出入，系统会提醒要填写差异原因，并对差异情况进行说明。后期也可以进一步进行差异复核，如果在盘点时就发现有差异，复核之后可以进行修改（图2-14）。

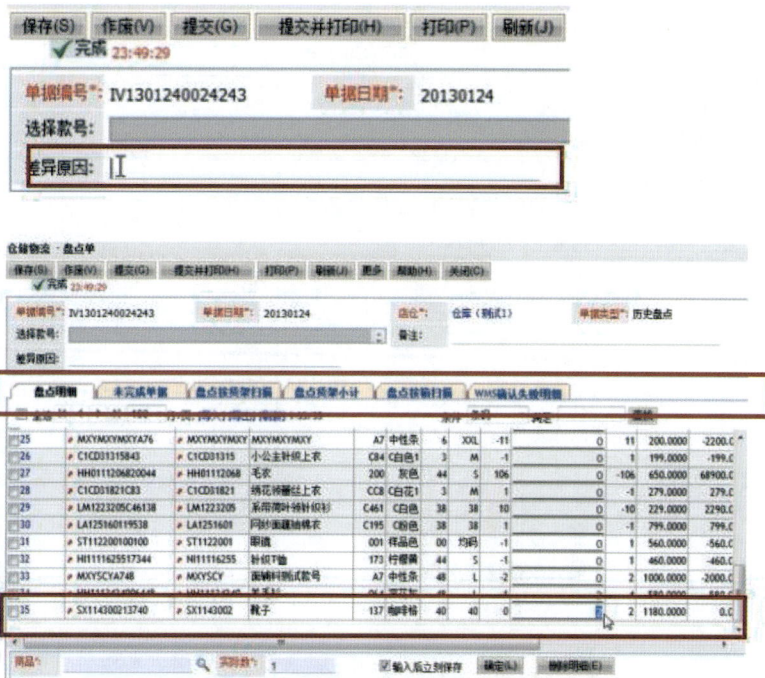

图2-14　差异复核及修改

【任务实施及要求】

根据门店实际情况，完成商品的出入库系统操作。

（一）准备阶段

（1）分解任务，明确任务目标。
（2）学习并熟悉计算机系统界面及系统知识。

（二）实施阶段

（1）完成电脑系统界面的登录。
（2）完成商品的入库操作。
（3）完成商品的出库操作。
（4）完成商品的部分扫描盘点操作。

（三）任务要求

（1）以个人形式完成任务。
（2）任务实施符合企业职业规范。

【任务评价】

任务评价考核表如表2-1所示。

表 2-1　任务评价考核表

评分任务	分值（总分100）	评分条件	评分要求	自评	教师评价
入库操作	30	1. 能在软件中查寻出对应的入库单 2. 能完成商品输入或扫描条码入库 3. 如果收货数量有差异，能在"差异原因"输入相关信息	未完成一项扣10分，扣分不得超过30分		
出库操作	30	能在软件中查寻出对应的出库单并完成出库操作	未完成一项扣15分，扣分不得超过30分		
扫描盘点	30	1. 能完成历史盘点的操作 2. 能完成抽盘的操作	未完成一项扣15分，扣分不得超过30分		
素质素养	10	具有正确的劳动观和良好的劳动习惯	结合任务实施给分，扣分不得超过10分		

【学习笔记】

（空白框）

【知识题库及答案】

（一）选择题

1. 门店收到货后，在哪个界面中进行出入库的操作？（ C ）

A. 零售管理   B. 调拨管理   C. 库存管理

2. 输入盘点明细，有哪两种方法？（ AB ）

A. 直接在系统里扫描或输入   B. 通过PDA盘点输入

C. 手动条码输入   D. 随机输入

（二）判断题

1. 门店使用服装店铺软件POS系统后，以第一次盘点作为初始数据，以后门店的所有进货、退货、销售、客户退货、调配都是由总公司操作。（×）

2. 如果收货数量有差异，必须在"差异原因"输入相关信息，最后依次单击【保存】——【提交】按钮，完成收货入库。（√）

3. 终端使用POS系统后，在收到货品后立即做"终端进仓单"核对实物和单据是否一致，

如不一致立即生成差异，做差异处理，保证入库数据的准确性。（ √ ）

4. 扫描盘点结束后，如果盘点数和实际库存数有出入，系统会提醒要填写差异原因，并对差异情况进行说明。后期不可以进一步进行差异复核。（ ✕ ）

（三）操作技能练习题

到相关店铺进行在线店务实操，全面了解该店铺的POS系统，并完成一次商品入库操作和盘点操作，具体要求如下。

1. 记录店铺POS系统主要界面及相关下拉功能。

2. 登录库存管理——入库单，进行部分库存"入库单"操作。

3. 使用扫描枪对店仓内的货品进行扫描，或者在盘点明细中直接输入商品款号。

任务1.2　服装造型认知

【思维导图】

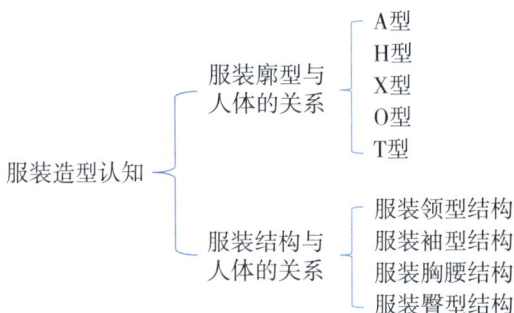

服装造型认知
- 服装廓型与人体的关系
  - A型
  - H型
  - X型
  - O型
  - T型
- 服装结构与人体的关系
  - 服装领型结构
  - 服装袖型结构
  - 服装胸腰结构
  - 服装臀型结构

【任务导入】

新的波段到店了。店长要求所有导购留店过货，通过过货环节互相探讨这些款式的适合人群，以便把商品推介给合适的消费群体，提高工作效率和成交率。

（一）知识目标

（1）掌握服装商品的造型类型及特点。

（2）掌握服装造型与人体的关系。

（二）技能目标

（1）能正确判断服装的造型。

（2）能基于不同服装造型与相应人体体型进行搭配。

（三）素质目标

（1）了解最新流行的服装造型，具备一定的探究精神。
（2）具备耐心、细致的工作素质和良好的心态。

【知识学习】

服装廓型指服装穿于人体后的外在形状，即服装的外部造型剪影。通过服装的轮廓造型，在视觉上可以将人体的比例关系进行自觉地、有目标地调整，使人体的自然形态得到改变，达到美化人体的目的。有经验的店铺工作人员深谙不同服装造型的特点及适合人群，会通过观察消费者并给消费者提供专业的搭配建议及合适的服装，尽可能体现消费者体态美或掩饰人体的不足，从而促进消费者购买。

一、服装廓型与人体的关系

（一）A型

A型是胸部衣身较小，腰位上升，裙摆展开，从肩至下摆逐渐展开的上窄下宽的外部造型，衣长较短时具有一种洒脱活泼、流动感强的感觉（图2-15），衣长较长时体现出稳重、端庄的感觉（图2-16）。高腰线的设计以及逐渐展开的宽松下摆可以使人们把焦点从腰部转移，从而很好地掩饰腰及胯部。A型上紧下松，把人体两侧的轮廓线从直线变为了张扬的斜线，从视觉上增加了人体的高度。大部分中国女性身材娇小、肩斜度较高，在人体上比较容易营造出上小下大的A型廓型，因此，穿着此廓型可以展现出东方女性独特的魅力。A型服装廓型是由克里斯汀·迪奥在1955年首创，英文称为A-Line，在全球服装界都非常流行，现在广泛用于大衣、连衣裙等设计中（图2-17）。

图2-15　衣长较短的A型廓型

图2-16　衣长较长的A型廓型

图2-17　A型连衣裙

（二）H型

H型又称布袋型、箱型、矩型。其造型特点是平肩，不收紧腰部，强调直线，具有修长、简约、宽松、舒适的特点，多用于运动装、休闲装、居家服等。

H型有直线型、矩型、宽松线型等，线条简洁流畅，可以在视觉上拉长身形，表现中性、洒脱、豪迈等气质。国内女性的胸围和臀围差较小，身体曲线的幅度不大，较为适合这种H型廓型。穿着H型服装时，胸部及臀部的曲线都被洒脱的线条所掩藏，显得舒适和休闲（图2-18）。

图2-18　H型款式

（三）X 型

X型具有适体的上身，收紧腰部，向外舒展的下摆，外形轮廓突出胸、腰部的线条。这种外形特征最能体现女性优美的身段，具有典雅、柔美的浪漫主义风格（图2-19）。

图2-19　X型款式

（四）O 型

O型廓型呈椭圆型，肩部、下摆、腰部没有明显棱角，上下束住，中间膨大、浑圆、鼓起，呈纺锤、灯笼、气球等形状。O型轮廓也可称为球型、圆型、茧型轮廓（图2-20）。

O型服装造型松紧结合，活泼、生动有趣，在休闲装、运动装以及居家服设计中用得比较多。O型通过突出女性肩部的弧度及衣摆的收口，使人体的外轮廓呈现出弧线，从而遮住身体的缺陷，具有较丰满的外形，给人充实、饱满等感觉。

图2-20　O型款式

（五）T型

T型轮廓类似倒梯形或倒三角形。特点是肩部夸张、下摆内收形成上宽下窄的造型。T型造型具有阳刚之气、洒脱、大方，是军服型在女装上的变形，多用在男性化的女装、较夸张的表演装、前卫风格的服装中，是一种肩臂相连的造型。T型造型可以在视觉上修饰肩部过窄、掩饰肩部和臀部的赘肉等（图2-21）。

图2-21　T型款式

二、服装结构与人体的关系

（一）服装领型结构

领型是指包裹颈项部位或肩胸部位的上衣造型部分，是服装的重要组成部分。根据领线的形状、领座的高低、翻折线的形态、领轮廓线的形状及领尖修饰，服装领型分为无领、立领、翻领、坦领、驳领。

领型除了具有保护颈部的功能外，还具有很重要的装饰性，其中包括"领型视错"。在现实生活中有各种各样不同脸型的人，有的脸型稍长、有的脸型稍短，有的脸型较圆、有的脸型较方等。视错原理显示：当圆与圆，方与方处于同一体中时，会使人产生方、圆线条的重合感，给人带来重复呆板和强化原有造型特征之感。因此，在给不同的人选择服装时，要遵循设计美学原则，比如避免给圆脸型的人推荐圆领服装，给方下巴的人推荐方形衣领的服装。

1. 无领

无领是只有领圈没有领面的领型，具有简洁的特征，能充分显示人体颈肩线条的美感，利于佩戴颈饰。无领包含圆领、方领、一字领口、U型领等。无领与脸型的关系具体详见表2-2。

表2-2　脸型与领型对照表

领型	脸型				
	圆脸	方脸	长脸	菱形脸	瓜子脸
U型领	√	√	√	√	—
V型领	√	√	×	√	×
一字领	×	×	√	√	√
方领	√	×	—	—	√
高领	×	—	√	×	—
圆领	×	√	√	—	√

2. 立领

立领的领面竖立在领圈上，穿上时耸立围绕在人的颈部，并与颈部均匀地保持一定距离。该领型造型别致，给人以利落精干、严谨、端庄、典雅的效果，比较适合脸小、颈部修长或者瓜子脸、瘦长脸的人。圆脸和方脸的人穿立领会更加重脸部头部比例，显得脸更大（图2-22）。

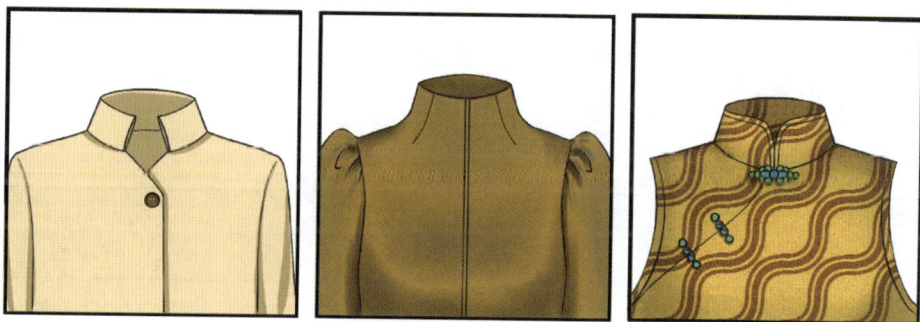

图2-22　立领

3. 翻领

翻领的基本造型是领面向外翻折。翻领的形式多样，变化丰富，常见的如立翻领等。因形状不同又有波浪领、马蹄领、燕尾领等。

4. 坦领

坦领是领面向外翻摊的领式。其造型随着领子的宽窄、形状的不同呈现千变万化的领款。由于坦领无领座，适合儿童脖子短的特点（图2-23）。

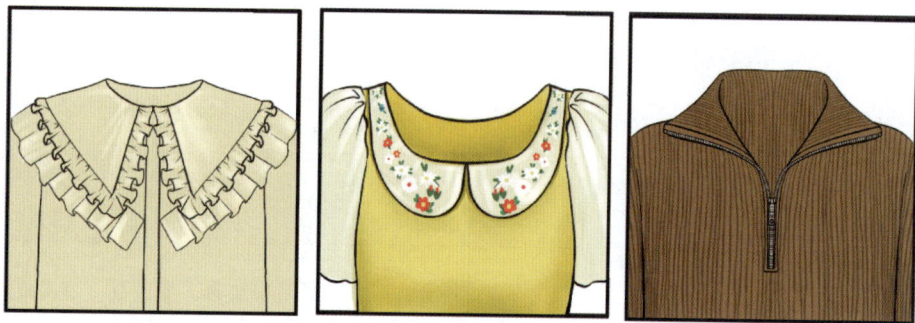

图2-23　坦领

5.驳领

驳领是一种衣领和驳头连在一起，并向外翻折的领式。驳领是服装中应用较广泛的衣领款式。如西装的领型就是典型的翻驳领，夹克、便装等也都可用驳领。驳领由领座、翻领及驳头三部分组成。其样式众多，造型讲究，基本样式有平驳领、戗驳领、连驳领。驳领因翻领样式和领子敞开程度不同，适应人群有所不同。

（二）服装袖型结构

衣袖的造型主要表现在袖山、袖窿、袖口与袖型的长短、肥瘦的变化上。生活中袖子造型种类繁多，款式变化多样，我们可以根据袖子长度、与衣身的连接方式及袖片数量进行分类。

（1）按袖子长度分为无袖、短袖、中袖、长袖等。

（2）按与衣身连接方式分为装袖、连身袖等。

（3）按袖片数量分为一片袖、两片袖、多片袖等。

（4）按合体程度分为宽松袖、合体袖、一般袖等。

消费者选择服装的袖型，一般会从袖型是否显得自己的手臂与身体比例更加协调、手臂更加修长的角度来选择。因此，店铺工作人员可以根据消费者手臂的粗细、长短来推荐店铺里相应的服装款式（表2-3）。

表2-3 手臂形态与服装袖型

项目	手臂形态		
	粗臂	短臂	长臂
不适宜的服装	穿无袖服装	穿太宽袖口边的服装	衣袖又瘦又长、袖口边太短的服装
适宜的服装	穿长袖服装；如穿短袖服装，袖长应在手臂一半处为宜	袖长为普通袖长的3/4的服装	穿短而宽盒子式袖子的服装，或者宽袖口的长袖服装

（三）服装胸腰结构

在服装设计中，胸腰的造型主要依靠结构线和省道的合理设计来完成，巧妙的省道和结构线设计能充分体现款式造型的新意。在实际服装搭配中，店铺工作人员还可以通过掌握所售服装胸腰结构特征及细心观察消费者的胸腰体型特征，利用视错原理帮助消费者选择合适的服装款式，达到塑造身材的目的（表2-4）。

表2-4 胸腰形态与服装类型

项目	胸腰形态			
	小胸	大胸	长腰	短腰
不适宜的服装	系窄腰带及腰部下垂的服装	用高领口或者在胸围外打碎褶，穿短夹克	系窄腰带，穿腰部下垂的服装	穿高腰式的服装和系宽腰带

续表

项目	胸腰形态			
	小胸	大胸	长腰	短腰
适宜的服装	穿开细长缝领口的服装	穿敞领和稍低领口的服装	系与下半身服装同颜色的腰带，适合穿高腰的、有褶饰的罩衫或者带有裙腰的裙子	穿使腰、臀有下垂趋势的服装，系与上衣颜色相同的窄腰带

（四）服装臀型结构

为使消费者的臀部看起来线条更加优美，店铺工作人员也可以根据视错原理和设计美学原则，为消费者提供合理的搭配建议（表2-5）。

表2-5　臀型与服装类型

项目	臀型		
	宽臀	窄臀	丰臀
不适宜的服装	在臀部补缀口袋、穿打大褶或碎褶的鼓胀裙子及穿袋状宽松的裤子	穿太瘦长的裙子或过紧的裤子	穿长裤或紧瘦的上衣
适宜的服装	穿柔软合身、线条苗条的裙子或裤子，裙子最好有长排纽扣或中央接缝	穿宽松袋状的裤子或宽松打褶的裙子	穿柔软合身的裙子和上衣，或穿长而宽松的服装

【任务实施】

根据商品款式，完成对商品的廓型阐述和局部结构分析。

（一）准备阶段

（1）分解任务，明确任务目标。
（2）完成服装商品的廓型和结构阐述，并结合人体分析穿着效果。
①确认服装的廓型。
②掌握服装款式结构特点。
③分析服装上身后的效果。

（二）实施阶段

（1）对所有服装进行廓型分类。
（2）完成服装结构的阐述分析。

（3）完成各款式与人体的契合度分析。

（三）任务要求

（1）以小组形式完成任务，每组2~3人。
（2）任务实施符合企业职业规范。

【任务评价】

任务评价考核表如表2-6所示。

表2-6　任务评价考核表

评分任务	分值（总分100）	评分条件	评分要求	自评	教师评价
服装商品廓型认知	30	1. 能辨析商品廓型，阐述不同商品廓型的特点 2. 能说明不同商品廓型适合的人群	未完成一项扣15分，扣分不得超过30分		
商品的结构认知	30	1. 能辨析商品不同零部件结构和特点 2. 能说明商品不同零部件适合人群	未完成一项扣15分，扣分不得超过30分		
商品上身效果分析	30	1. 能够阐述目标对象体型特征 2. 能根据目标对象体型特征选配合适的服装商品	未完成一项扣15分，扣分不得超过30分		
素质素养	10	1. 保持商品整齐、干净 2. 表达思路清晰、分析到位、语言流畅	未完成一项扣5分，扣分不得超过10分		

【学习笔记】

【知识题库及答案】

（一）多选题

1.设计师可以根据哪些美学原理对服装外部造型进行设计（ABCD ）。

A. 比例　　　　　　　　　　　　B. 平衡

C. 加强　　　　　　　　　　　　D. 协调统一

2.服装领型千变万化，从结构上看分为哪几个类型?（ABCD ）

A. 开门领　　　　　　　　　　　B. 关门领

C. 无领类　　　　　　　　　　　D. 其他

3.胸腰的造型主要依靠（ AB ）的合理设计来完成，在实际设计中结构线和（ B ）往往会结合来完成。

A. 结构线　　　　　　　　　　　B. 省道

C. 分割线　　　　　　　　　　　D. 褶裥

（二）判断题

1. H型又称布袋型、箱型、矩型。其造型特点是耸肩，不收紧腰部，强调直线、庄重感。（√）

2. 服装廓型指服装穿于人体后的外在形状，也就是服装的外部造型剪影，它的变化对服装的款式变化起决定性的作用。（√）

3. O型通过突出女性肩部的弧度及衣摆的收口，使人体的外轮廓呈现出弧线，从而遮住身体的缺陷。（√）

4. 小胸适合穿高领口或者在胸围外打碎褶的服装或短夹克。（√）

5. 羊腿袖、蝙蝠袖这种大体积蓬松的袖型会使手臂部分显得纤细，但在视觉上反而使肩膀横向加宽，使上半身显得壮硕。（√）

【操作技能题库】

在新到服装商品中选出3~5款进行廓型认识和分析，并对局部的结构设计进行合体性阐述。

任务1.3　服装FAB销售话术

【思维导图】

服装FAB销售话术 ┤ FAB认知　FAB使用结构　服装FAB寻找

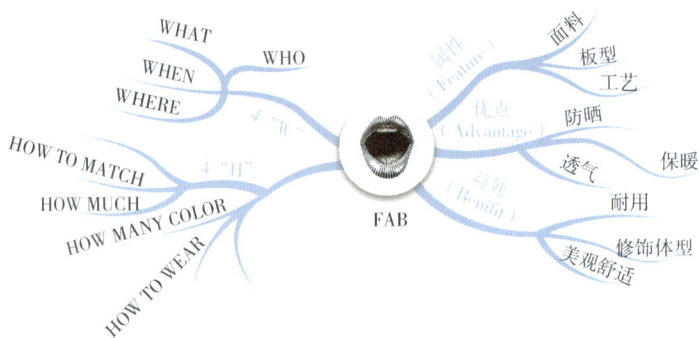

【任务导入】

小雅毕业后到服装品牌太平鸟门店销售岗位实习一年，学习如何成为一个优秀的服装销售。她发现了FAB这个很有趣的概念，掌握以后可以非常有效地提高销售额。下面我们就和小雅一起来认识FAB（图2-24）。

（a）　　　　（b）　　　　（c）　　　　（d）　　　　（e）

图2-24　门店典型服装产品

对话场景：

情境1：消费者进店后，销售人员该如何跟消费者打招呼？

情境2：消费者对销售人员不予理睬，或态度冷淡地说："我就看看"，销售人员该如何应答？

情境3：消费者拿起一件连衣裙（或任意一件其他产品），销售人员该如何向她介绍？

项目训练准备：

训练用的服装产品图片。

项目训练要求：

2~3人一组，在规定时间内运用FAB法则进行消费者与销售人员的模拟场景对话，从服装产品中选择任意3件与给出的对话场景匹配。

（一）知识目标

了解FAB的基本概念和作用。

（二）技能目标

（1）能准确找出服装产品的FAB。
（2）能根据产品和场景灵活使用各类FAB法则。

（三）素质目标

培养自信、耐心、热情、细致的工作素质和良好应变能力。

【知识学习】

一、FAB认知

FAB全称FAB法则，即属性、作用、益处的法则，FAB对应的是Feature、Advantage和Benefit三个英文单词。FAB法就是将一个产品分别从三个层面加以分析、记录，并整理成产品销售的诉求点，向消费者进行说明，促进成交。

①属性（Feature）——产品所包含的客观现实，所具有的属性。
②优点（Advantage）——描述产品属性所引发出来的优点。
③益处（Benefit）——产品给消费者带来的利益。

FAB使用的四大原则是：实事求是、清晰简洁、主次分明、充满感情。

二、FAB使用结构

FAB可以从产品的面料出发，也可以从颜色、款式、搭配、价格、洗涤保养、风格、工艺、品牌等多种因素出发。同时，流行的信息及产品销售情况也可以成为介绍推广的内容。一般FAB的使用结构如图2-25、图2-26所示。

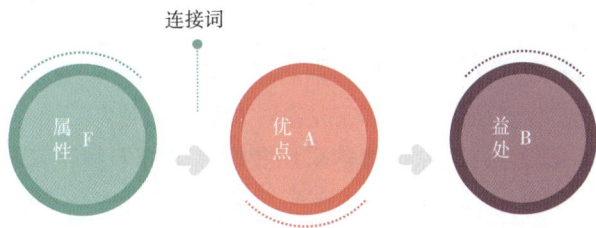

图2-25　FAB使用结构

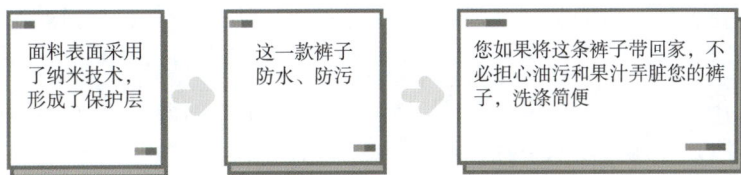

图2-26　FAB使用示例

使用FAB法则时，可以把服装的介绍词连成一句有说服力的推荐语：因为此款是采用……（属性特征），它可以……（优点），能够让您……（益处）。

例：因为此款是采用贴身的板型设计，它可以充分展现您的好身材，能够让您成为人群中的焦点。

为了强调消费者关心的部分，可省去特征或功效；也可以先说优点，再说属性特征，却不可漏掉强调对消费者的益处。

例：同一FAB意思可有多种说法。

标准FAB法：此款所用面料是100%棉，很容易吸汗，夏天穿上能够保持皮肤的干爽，特别的舒适。

灵活FAB法：

（1）此款所用面料很容易吸汗，夏天穿上特别的舒适，能够保持皮肤的干爽。

（2）因为此款所用面料是100%棉，所以很容易吸汗，夏天穿上能够保持皮肤的干爽，特别的舒适。

（3）夏天穿上它会保持皮肤的干爽，让您感到特别的舒适，因为此款所用面料是100%棉，很容易吸汗的。

实际应用示例：

关于颜色推荐：女士您好，这款T恤主打颜色是亮丽黄，是今夏的流行色，很适合春夏的感觉，穿上它可以提亮肤色。

关于款式推荐：先生您好，这款时尚修身西装，可以衬托出您保持得非常好的身材，让您看起来更年轻、更时尚。

关于面料推荐：女士您好，这款连衣裙采用的是真丝面料，光滑柔软，很有档次，穿起来也非常舒适。

关于搭配推荐：先生您好，这款白色衬衫非常百搭，任何颜色的裤子都可以搭配，买了以后就不用为搭配伤脑筋啦。

关于价格推荐：女士您好，这条牛仔裤299元，现在买还享受赠品，非常实惠，促销活动明天就截止了，您现在买实在是很划算。

关于工艺推荐：先生您好，这款衬衫的面料采用的是免烫工艺，洗完后自然晾干就会非常挺括，出差携带最方便了，完全不用担心折叠后太皱的问题。

关于保养推荐：女士您好，这款连体裤采用我们品牌的专利技术制作而成，可以用洗衣机和烘干机清洗，完全不用担心面料缩水或变形，保养起来非常省力。

三、服装FAB寻找

如何快速地找到某一款服装产品的FAB呢？我们可以从以下几种渠道获取资料。

1. 资料来源

（1）服装的吊牌、水洗标等。服装的吊牌介绍了该服装的面料成分，水洗标介绍了该服装的水洗方式，所以导购可以从中找到基本资料加以运用。

（2）和竞争品牌的比较。把导购的服装和竞争品牌类似款作一客观的比较，找出其中的异、同点加以运用。不管是从选料、板型上，还是从做工和水洗方式上都可以作一个详细的比较。

（3）从消费者口中询得。许多巧妙的特性只有使用者才知道，所以由他们的口中往往能得知意想不到的独特好处。

（4）导购和营销人员的自身观察。发挥自己的观察力、想象力和创造力，找出特殊的优点。

2.哪些事项会影响FAB

（1）产品本身：做工品质、包装、尺寸、面料、辅料等。

（2）交易条件：付款条件、价格、促销、送货等。

（3）导购人员：可靠性、热情、服务、专业知识等。

（4）公司：形象、策略、宗旨、广告等。

（5）相关人员：送货员、生产人员的工作等。

3.服装本身可从哪些角度去想

（1）安全性：产品对消费者的安全性有何贡献。如这款服装所选面料不伤皮肤。

（2）效能性：这款服装能给消费者发挥哪些预期的功效。如御寒保暖，凉爽等。

（3）外观性：这款服装的造型耐看、时尚、实用、凸显女性身材、展现男性阳刚之气，给人一种低调的张扬等。

（4）舒适性：板型设计能让消费者运动自如等。

（5）方便性：如这款服装不易显脏且容易洗涤。

（6）经济性：价位适中，不仅体现时尚和品味，而且消费者能够消费得起。

（7）耐用性：如这款服装所选面料厚实、耐洗耐穿。

正确地使用FAB，在充分了解产品的基础上，为消费者着想，了解消费者的需求，强调消费者关注的方面，便可以事半功倍。如果自以为是，把自己所知道的或自认为是好的强加于消费者，只会适得其反。

【任务实施】

（一）准备阶段

（1）确定小组成员以及每位成员的角色。

（2）熟悉每一件产品，找到它们的属性、优点和益处。

（3）掌握FAB的语言组织方法。

（二）实施阶段

（1）将学生分为若干小组，每组2~3人，每组设组长一名，负责并组织本组成员进行实训。

（2）各小组分析讨论每一款服装，为它们设定对话场景，用FAB模拟销售员与消费者的对话。

（3）组长组织小组讨论，进行互评。

（三）收尾阶段

填写课堂实训记录表（表2-7）。

表 2-7　课堂实训记录表

组员安排		任务分配			
组员1					
组员2					
组员3					
评分项目		自评	互评	师评	总分
1. 是否说明产品与众不同的特征或优点					20
2. 是否说明服装的特性会发挥什么用处					20
3. 是否说明服装的功效能为消费者带来什么好处					20
4. FAB法则使用是否规范					20
5. 小组合作是否融洽					20
满分	100分	总分		（　　）分	
互评建议：		师评建议：			

个人小结：

学生姓名：

【知识题库及答案】

（一）单选题

1. FAB法测中，产品给消费者带来的利益即（ C ）。

A. 属性　　　　　　　　　　B. 优点　　　　　　　　　　C. 益处

2. 下列FAB话语中，哪句话语不够妥当?（ B ）

A. 因为这件衬衣是由纯麻纱制成，您在炎夏的天气时穿着，格外的清爽

B. 这款衣服的板型设计很好的

C. 此款所用面料是100%棉，很容易吸汗，夏天穿上能够保持皮肤的干爽，特别的舒适

D. 因为此款是采用贴身的板型设计，它可以充分地展现出您的好身材

（二）多选题

1. FAB全称FAB法则，即（ ABC ）的法则。

A. 属性　　　　　　B. 作用　　　　　　C. 益处

2. FAB使用的四大原则是（ ABCD ）。

A. 实事求是　　　　B. 清晰简洁　　　　C. 主次分明　　　　D. 充满感情

3. FAB法则包含内容有（ ABC ）。

A. 面料、颜色、款式、风格、工艺、品牌等

B. 搭配、价格、洗涤保养

C. 流行的信息及产品销售情况

4. 对服装本身可从哪些角度去想（ ABCD ）。

A. 安全性　　　　　B. 效能性　　　　　C. 外观性　　　　　D. 舒适性

（三）判断题

1. 益处是描述产品属性所引发出来的优点。（ × ）

2. 我们可以从服装的吊牌和水洗标中寻找FAB。（ √ ）

3. 产品的包装不会影响FAB。（ × ）

4. 服装的益处是要说明服装的功效能给客户带来什么好处。（ √ ）

5. 现代人对服装本身只会从安全性、效能性、外观性、舒适性角度去想。（ × ）

【操作技能题库】

1. 细心观察，充分了解服装，应用FAB法则，为消费者介绍图2-27所示的两套服装。

在使用FAB法则介绍服装时，可以对服装的属性、优点以及能为顾客带来的益处三方面进行重点说明。

款式一（答案不唯一）：您好，这款连衣裙是我们的春季新款，卡其色非常百搭，很适合您优雅的气质，胸前的黑色蝴蝶结设计，可爱又减龄，收腰加上A字裙的下摆既能在视觉上使腰部看起来更纤细，还能遮住腹部、臀部和胯部。

款式二（答案不唯一）：您好，白色衬衫和黑色短裙的套装都采用了弹性纤维和速干纤维混纺的面料，吸湿透气快干的特性最适合春夏穿着，同时带有弹性的面料也增加了穿着的

舒适度。上衣的披肩领和下摆的荷叶边设计非常凸显女生的甜美气质，服装上水钻和珍珠的点缀更提升了整体质感。

2. 开放题：顾客对销售人员不予理睬，或态度冷淡地说："我就看看"，销售人员该如何应答？

参考答案：观察顾客重点浏览的款式，主动介绍：您的眼光真好，这几款都是这一季的新款，不如让我给您介绍几款吧，您喜欢深色还是浅色？……

错误答案1：好的，有需要您叫我。

错误答案2：好的，喜欢的话您可以试试。

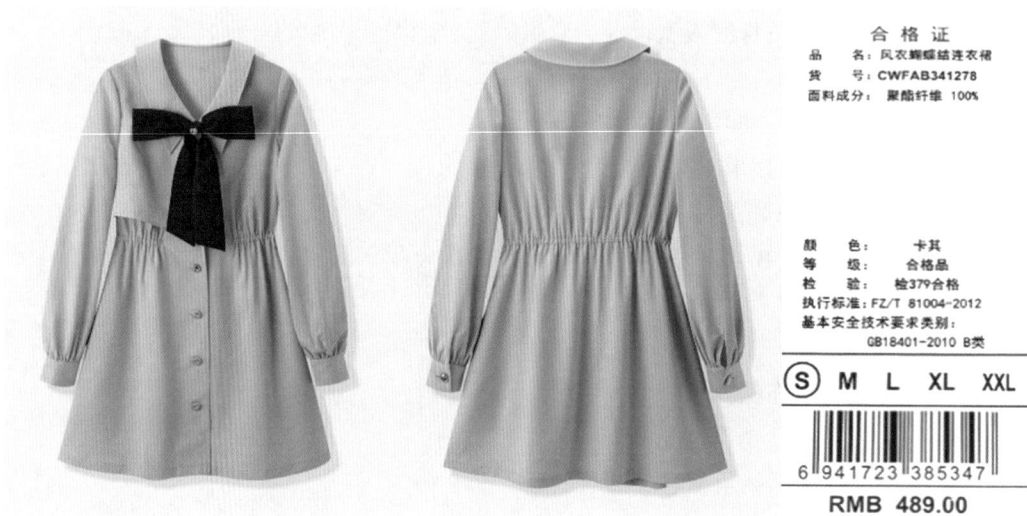

（a）

（b）

图2-27 服装及其吊牌信息

任务 2 服饰组合搭配

任务2.1　服饰色彩搭配

【思维导图】

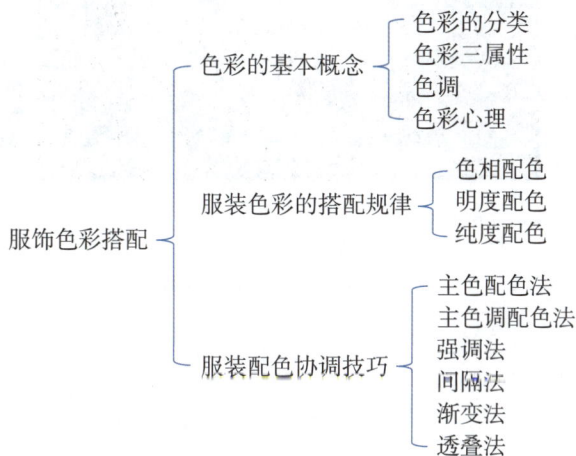

服饰色彩搭配
- 色彩的基本概念
  - 色彩的分类
  - 色彩三属性
  - 色调
  - 色彩心理
- 服装色彩的搭配规律
  - 色相配色
  - 明度配色
  - 纯度配色
- 服装配色协调技巧
  - 主色配色法
  - 主色调配色法
  - 强调法
  - 间隔法
  - 渐变法
  - 透叠法

【任务导入】

4月16日，某品牌新店开业，陈列执行小张和导购要根据品牌陈列标准手册和季节指引对某一个陈列面的服装服饰进行体现春天气息的搭配出样。

（一）知识目标

（1）掌握色彩的基本属性。
（2）掌握服装色彩的搭配规律。

（二）技能目标

能运用服饰色彩的搭配规律合理搭配服饰。

（三）素质目标

（1）具有良好的审美。
（2）能够自觉维护企业形象，具备一定的服务意识。

【知识学习】

一、色彩的基本概念

（一）色彩的分类

　　色彩分为无彩色和有彩色两大类（图2-28）。无彩色包括黑色、白色以及由不同量黑色与白色混合而成的无数种灰色。有彩色包括原色、间色、复色（图2-29）。

有色彩　　　　　　　　　　　　　无色彩

图2-28　无彩色和有彩色

　　原色指不能通过其他颜色混合调配而得出的"基本色"，分成加法混合和减法混合两个系统（图2-30）。间色指两种原色配合成的颜色，如红色和黄色配合成的橙色，黄色和蓝色配合成的绿色。复色指用任何两个间色或三个原色相混合而产生出来的颜色。

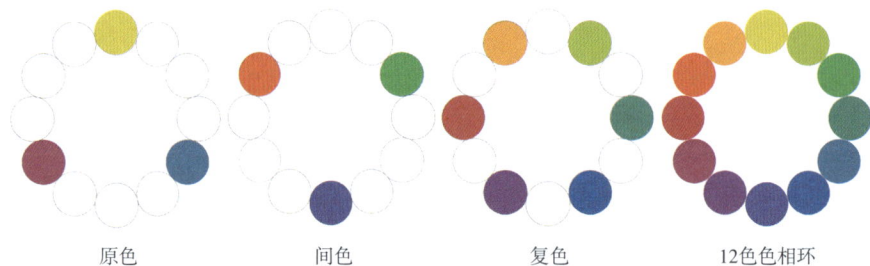

原色　　　　　　间色　　　　　　复色　　　　　12色色相环

图2-29　原色、间色、复色、12色色相环

图2-30　加法混合、减法混合

（二）色彩三属性

色彩的三属性是色相、明度、纯度（图2-31）。

色相即色彩的相貌，用于区别各种不同色彩的名称（图2-32）。

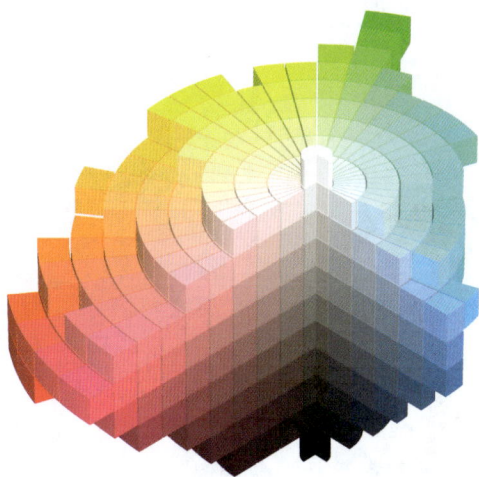

图2-31　色相、明度、纯度

图2-32　色相环

明度即色彩的明暗程度，明度是所有色彩都具有的属性。

纯度即色彩的鲜艳程度，无彩色只有明度变化，鲜艳程度为零；有彩色既有色相变化，也有明度、纯度的变化（图2-33）。

图2-33　色彩明度、纯度变化

（三）色调

色调指色彩的调子，如明亮的色调、暗淡的色调等。日本色彩研究所的配色体系PCCS是包括了色相与色调两个色彩基本属性的代表性色彩体系（图2-34）。

（四）色彩心理

色彩不仅可以使人产生具象或抽象的联想，还会使人产生某种联觉——即由一种感觉而引起的其他感觉。

1. 色彩的冷暖感

色彩本身没有切实的冷暖温度，色彩的冷和暖是人们心理上的反映。红色、橙色等色彩在人的心理上具有暖的特性，而蓝色和青色在人的心理上具有冷的特性。色彩的冷暖具有相对性。如红色属于暖色类，但当朱红与深红对比并置时，含有黄味的朱红就显得暖而含有蓝味的深红显得冷（图2-35）。

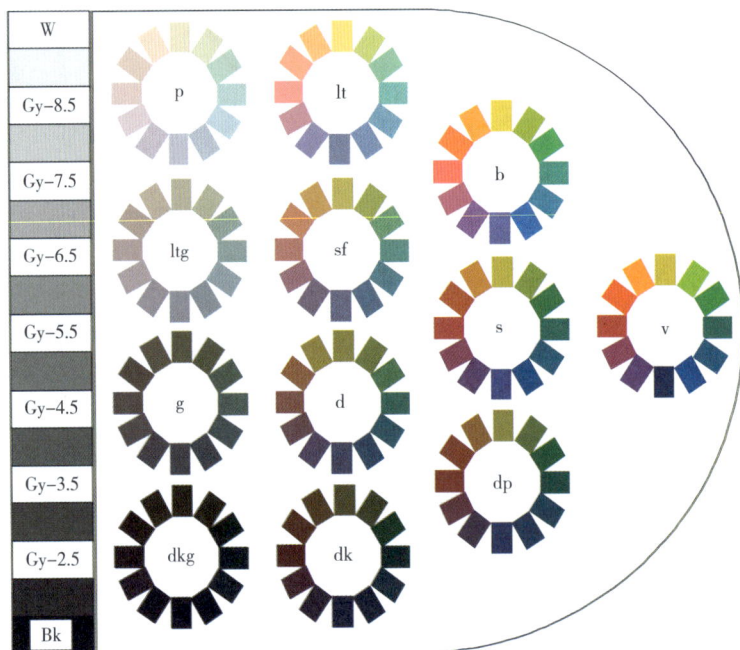

图2-34　PCCS色调体系

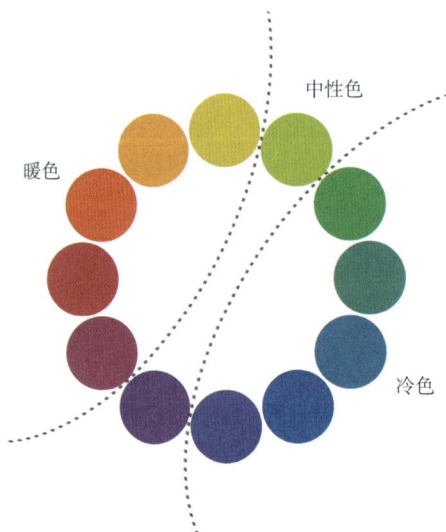

图2-35　色彩的冷暖感

　　暖色系包括黄色、橘黄色、朱红色、红紫色等；冷色系包括蓝绿色、蓝青色、蓝紫色；中性色系包括紫色、绿色、黑色、白色、灰色。

　　色彩的冷暖在人心理上的反映对着装意识起着一定的作用。人们会根据季节变化选择有不同冷暖感的服装，炎热的夏季选择冷色系的着装会增强心理上的凉爽感，寒冷的冬季选择暖色系的着装会增强温暖的感觉。冷色暖色所表达的情感效果是不同的，暖色让人感到兴奋、舒畅，而冷色让人感到沉静和理智。

　　2. 色彩的前进感与后退感

　　色彩的前进感与后退感是一种视错觉。相同远近的冷暖色，暖色有前进感，冷色有后退感。一般情况下，暖色、纯色、明亮色、强烈对比色等具有前进的感觉，而冷色、浊色、暗色、调和色等有后退的感觉。色彩的前进感与后退感用在服装上，可以增加服装色彩配置的层次感（图2-36）。

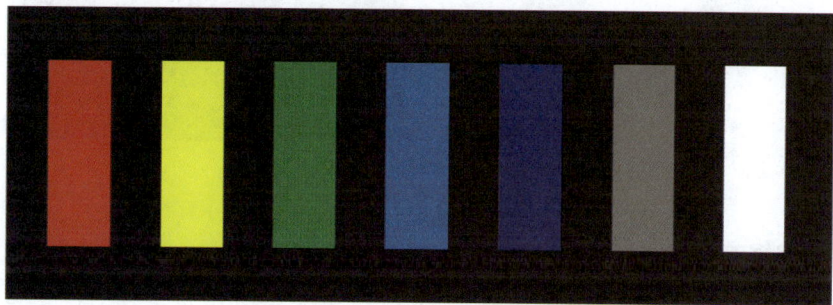

图2-36　色彩的前进感与后退感

　　3. 色彩的膨胀感与收缩感

　　视错现象会使有些相同大小的颜色看起来比实际面积显大或显小。看起来比实际面积显大、有膨胀感的颜色被称为膨胀色，反之看起来比实际面积小、有收缩感的颜色被称为收缩色（图2-37）。由于波长和明度的关系，明度高的色彩有扩张、膨胀感，明度低的色彩有收缩感。利用色彩明度对比形成的膨胀感与收缩感，可以调节人体体型的缺憾。如体型瘦小的人穿着色彩明度较高的膨胀色服装会显得比较丰满，而体型宽胖的人穿着色彩明度较低的深色服装则显得比较苗条。

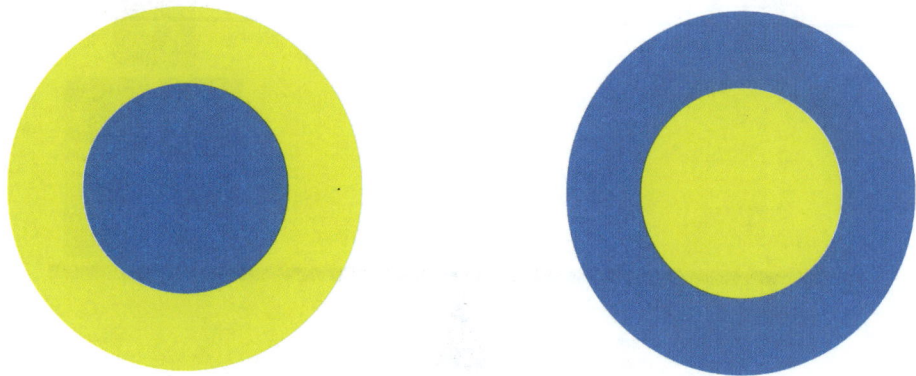

图2-37　色彩的膨胀感和收缩感

4. 色彩的强度与易见度

色彩在视觉中容易辨认的程度称为色彩的易见度。色彩的易见度与光的亮度以及物体的面积大小有很大的关系。通常光亮度越大易见度越高，反之则越低，面积越大易见度越高，反之则越低。色彩的易见度还与图形色与底色的明度、色相、纯度对比有关。对比越强色彩易见度越高，反之则越低（图2-38）。利用色彩的强度与易见度可以提高对着装者的关注度。

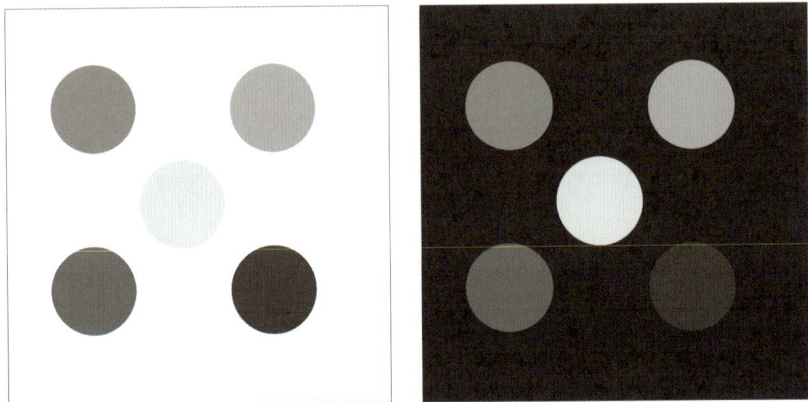

图2-38 色彩的强度与易见度

5. 色彩的轻重感与软硬感

色彩产生轻重的感觉既有直觉的因素，也有联想的因素。通常情况下，决定色彩轻重感的是明度，明度高的色彩使人有轻感，如白色、浅蓝色，明度低的色彩有重感，如黑色。在服装色彩应用的过程中要把握色彩的轻重感。白色的上衣搭配黑色的下装给人以稳重之感，如果是黑色的上装配白色的下装则给人以轻快、灵活的感觉。明度高的色彩感觉轻，明度低的色彩感觉重。在同明度、同色相条件下，纯度高的色彩感觉轻，纯度低的色彩感觉重。从色相方面看，暖色的黄色、橙色、红色给人的感觉轻，冷色的蓝色、蓝绿色、蓝紫色给人的感觉重。

不同的色彩还会给人以软硬感。色彩的软硬感觉为，凡感觉轻的色彩给人的感觉为软而膨胀，凡感觉重的色彩给人的感觉硬而收缩（图2-39）。通常情况下，高明度或低纯度的暖色系色彩给人以柔软感，低明度或高纯度的冷色系色彩给人坚硬的感觉。

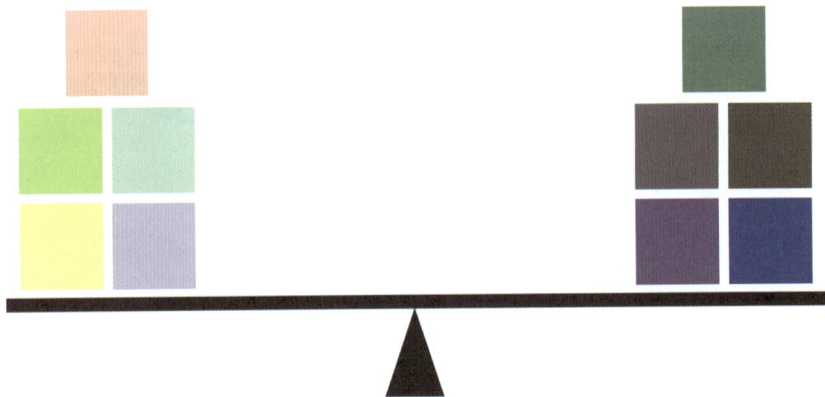

图2-39 色彩的轻重感与软硬感

二、服装色彩的搭配规律

（一）色相配色

1. 同类色配色

色相环中处于5°以内的色相，因为色感的相似性，视觉上会比较统一，为避免单调的视觉效果，会在明度、纯度的对比上增加变化，形成一定的对比感（图2-40）。

图2-40　色相配色

2. 类似色配色

色相环中处于90°以内的色相配色，类似色的搭配属于调和的颜色，对比效果比同类色配色要更丰富、活泼，即显得协调，同时有一定的变化，如再增加明度、纯度上的变化，搭配效果可以更多样化（图2-41）。

图2-41　类似色配色

3. 对比色配色

色相环中相距120°左右的色相配色，色相对比强烈，通过调整色彩的明度、纯度或者色彩面积比例等，缓解由色相对比带来的强烈视觉效果，达到协调的效果（图2-42）。

图2-42　对比色配色

4. 互补色配色

色相环中相距180°左右的色相配色。互补色的搭配体现了对比最强的视觉效果，可以带来其他配色方案没有的活力感，在服装配色中运用非常广。互补色配色不仅要体现强对比的色彩感，也要注意服装的整体协调效果，所以会增加一些无彩色、金属色等来中和对比感。同时也可以对色彩的明度、纯度、面积比例进行调整来调和对比效果（图2-43）。

图2-43　互补色配色

5. 双补色搭配

这个配色方案是由两个独立互补的配色方案结合而成的，在双补色搭配中不是所有色彩的配比都是面积相近的，在应用过程中，四个色彩的面积要有主次关系，才能使这种配色效果和谐（图2-44）。

图2-44　双补色搭配

6. 三组色搭配

色相环中任意三个相对位置都相等的色彩，就可以构成三组色搭配。由三原色构成的三组色搭配能产生炫目亮丽的色彩效果，由间色和复色构成的三组色配色方案，视觉效果会比较协调（图2-45）。

图2-45　三组色搭配

（二）明度配色

色彩的层次、空间、重量感可以通过明度的调节来实现，有彩色的明度变化会受到色相的影响，无彩色没有色相，是单纯的明度变化。一般情况下，将黑色、灰色、白色之间分成9个等级，根据不同距离的黑色、灰色、白色搭配组合，分成明度强对比配色、明度中对比配色、明度弱对比配色（图2-46）。

| 明度强对比1 | 明度强对比2 | 明度中对比1 | 明度中对比2 | 明度弱对比1 | 明度弱对比2 |

图2-46　明度配色

1. 明度强对比配色

明度轴中相距六格以上的明度对比关系可以称为强对比。明度强对比搭配视觉效果强烈而刺激，色彩有非常强的跳跃性，无论是无彩色还是有彩色、浅色与深色搭配的视觉冲突都非常大。

2. 明度中对比配色

中对比指在明度轴上跨越六格以内的明度搭配。这样的搭配由于色彩的明度差异被拉开，配色显示的视觉效果比较明快、活泼。

3. 明度弱对比配色

一般情况下，我们会将明度轴上三格以内的明度搭配，称为弱对比。由于色彩相互之间的明度差异性非常弱，所以整体的视觉效果是柔和而含蓄的，但是由于对比效果相对模糊，运用时可以借助其他手法加以调节。

（三）纯度配色

纯度对比是基于色彩的鲜艳程度对比而产生的，在服装配色中，主要体现为鲜艳的色彩与含灰的色彩之间的对比和搭配，不同的纯度色彩搭配会形成"柔和""动感""优雅"等感觉（图2-47）。

1. 纯度强对比配色

在色调图中，横向变化是纯度的变化，当两个色彩横向距离远，搭配出来的纯度对比就比较强烈，在服装搭配中类似这样的高纯度与低纯度搭配是常用的手法。

| 纯度强对比1 | 纯度强对比2 | 纯度中对比1 | 纯度中对比2 | 纯度弱对比1 | 纯度弱对比2 |

图2-47　纯度配色

2. 纯度中对比配色

纯度轴中色彩相互处于中等距离的搭配是中对比配色，在纯度中对比配色中，色彩效果比较清晰，既没有强对比的视觉冲击力，也比弱对比的色彩形象明确。

3. 纯度弱对比配色

纯度轴中相距比较近的色彩搭配可以成为纯度弱对比配色，在纯度弱对比中，色彩对比度非常弱，尤其是低纯度的弱对比搭配中，色彩形象不够清晰，比较模糊，在高纯度的弱对比搭配中，高纯度的色彩本身非常鲜艳，但是各个颜色之间的对比度是不强烈的。

三、服装配色协调技巧

在服装搭配中，各种色彩的对比关系并不是独立存在的，不同颜色形成对比关系时，色相、明度、纯度等各方面会相互作用或干扰，有时配色就不能达到理想的视觉效果，所以我们在配色过程中，需要选择恰当的色彩对比手法，使服装的整体色彩呈现协调的效果（图2-48、图2-49）。

| 主色配色法 | 主色调配色法 | 强调法 |

图2-48　服装配色协调技巧1

| 间隔法1 | 间隔法2 | 渐变法 | 透叠法 |

图2-49　服装配色协调技巧2

（一）主色配色法

主色配色是用一种特定的颜色统一整体配色。所谓的主色指处于支配地位或明显占优势的颜色，在服装搭配中占据主要面积的一种或两种颜色，能够决定服装配色的整体风格与印象。与主色一起出现在服装中的色彩还有搭配色和点缀色，搭配色占据的比例比主色少，点缀色一般比较鲜艳饱和，有画龙点睛的效果，占据的比例却是最少的。

（二）主色调配色法

主色调配色是由一种特定的色调统一配色，这一种特定的色调不是一个颜色，而是属于同一种色调中的多个颜色，即使多个颜色的差别比较大，但只要属于相同色调，组合起来也可以给人一种统一的印象，比如浅色调、深色调、鲜艳的色调等。

（三）强调法

为了强调服装的视觉效果，避免整体色彩的单调性，可以使用一小部分醒目的色彩，使服装整体看起来更具装饰感。在大面积色彩中点缀小面积的对比色，低纯度色彩中点缀高纯度色彩，暗色调中点缀高明度色彩，这些都可以增强服装搭配的视觉冲击力。

（四）间隔法

间隔法中经常利用一些特殊色彩，如无彩色中的黑色、白色、灰色、金色、银色等，这些色彩可以在配色中起到缓冲作用，让有彩色更协调。当色彩关系比较模糊时，可以选择较为鲜艳的色彩进行间隔，让色彩的层次感更清晰。如果采用强对比的色彩进行搭配，也可以用间隔色缓和对比感，让服装色彩关系变得更协调。

（五）渐变法

渐变法是三个以上的色阶结构形式，以规则渐变的变化引导视觉从一色转到另一色的渐进效果。强调间隔相等，以秩序取得和谐的效果，通常有色相渐变、明度渐变、纯度渐变和色调渐变等形式。色彩由浅到深或由深到浅的渐变，可以显现柔和优美的视觉效果。

（六）透叠法

透明或镂空的面料叠置时会形成新的色彩感觉。二色透叠出的色相相当于二色的中间状态，但纯度下降。如黑色透叠大红色后的色彩感觉接近深红色，黑白两色透叠形成灰色。

【任务实施】

根据春季陈列标准结合陈列面的系列服装款式与色系，完成人体模特出样服装搭配1套。具体任务流程如下。

（一）准备阶段

（1）分解任务，明确任务目标。
（2）完成服饰搭配前期准备工作。
①完成陈列面服饰品类和色彩的盘点。
②将不同色彩的服饰进行归类。

（二）实施阶段

完成模特服饰色彩搭配。
①根据陈列面设定色系结合季节等因素，完成人体模特出样服装色彩搭配1套。
②完成服饰整体搭配1套。

（三）任务要求

（1）以小组形式完成任务，每组3~4人。
（2）任务完成后，请从色调、色彩心理和色彩搭配规律等方面阐述搭配思路。
（3）任务实施符合企业职业规范。

【任务评价】

任务评价考核表如表2-8所示。

表 2-8　任务评价考核表

评分任务	分值 （总分100）	评分条件	评分要求（分值）	自评	教师评价
服饰色彩搭配	90	1．服饰色彩符合季节主题 2．服饰色彩色调明确 3．服饰色彩符合搭配规律	每项分值30分，其中每项分值评分标准： 1．能完成相应任务，且具有美感和时尚感（30） 2．能较好完成相应任务，有一定美感和时尚感（24） 3．能基本完成相应任务（18） 4．完成任务效果欠佳（4.5） 5．不能完成相应任务（0）		
素质素养	10	1．保持服装清洁、整齐、完好 2．语言表达流利	每项分值5分，其中每项分值评分标准： 1．能完成相应任务（5） 2．能较好完成相应任务（4） 3．能基本完成相应任务（3） 4．完成任务效果欠佳（1.5） 5．不能完成相应任务（0）		

【学习笔记】

【知识题库及答案】

（一）单选题

1.以下最冷的颜色是（ A ）。

A. 蓝色　　　　　　B. 绿色　　　　　　C. 紫色　　　　　　D. 黄色

2.明度中对比的级别是（ B ）。

A. 跨越6格以上　　　B. 跨越6格以内　　　C. 跨越3格以内　　　D. 跨越7格以内

3.中差色指色相环中相距（ D ）左右的颜色。

A. 15°　　　　　　　B. 30°　　　　　　　C. 60°　　　　　　　D. 90°

4.具有柔和、幻想、稳定感觉的是（ C ）组合。

A. 高明度色彩　　　B. 低明度色彩　　　C. 中明度色彩　　　D. 高纯度色彩

5.以下哪种颜色的纯度最高？（ A ）

A. 红色　　　　　　B. 紫色　　　　　　C. 白色　　　　　　D. 绿色

6.中绿色深灰色搭配属于（ D ）的搭配。

A. 同类色　　　　　B. 类似色　　　　　C. 对比色　　　　　D. 有彩色+无彩色

7.所有色彩中明度最高的颜色是（ B ）。

A. 黑色　　　　　　B. 白色　　　　　　C. 黄色　　　　　　D. 蓝色

8.色相环上相距60°的颜色一般称为（ C ）。

A. 邻近色　　　　　B. 中差色　　　　　C. 类似色　　　　　D. 互补色

9.下列色彩属于色相弱对比的是（ C ）。

A. 淡黄色与紫罗兰色　　　　　　　B. 中黄色与湖蓝色

C. 紫红色与青莲色　　　　　　　　D. 橘红色与中绿色

10.以下哪种色彩对比既有统一调和的效果，又有比较丰富、耐看的优点？（ B ）

A. 邻近色　　　　　B. 类似色　　　　　C. 中差色　　　　　D. 对比色

（二）多选题

1.色彩的三要素包含（ ABD ）。

A. 色相　　　　　　B. 明度　　　　　　C. 对比　　　　　　D. 纯度

2.无彩色包括（ ACD ）。

A. 黑色　　　　　　B. 紫色　　　　　　C. 白色　　　　　　D. 灰色

3.同类色搭配的视觉效果可能是（ BC ）。

A. 强烈　　　　　　B. 单纯　　　　　　C. 协调　　　　　　D. 刺激

4.以下属于暖色系的色彩为（ AC ）。

A. 红色　　　　　　B. 绿色　　　　　　C. 橙色　　　　　　D. 蓝色

5.在服饰色彩搭配法的强调法中，以下哪些方法可以增加服装搭配视觉冲击力？（ ABC ）

A. 在大面积色彩中点缀小面积的对比色

B. 低纯度色彩中点缀高纯度色彩

C. 在暗色调中点缀高明度色彩

D. 色彩由浅到深或由深到浅地渐变

6. 下列属于色相配色的方法有（ ABCD ）。

A. 同类色配色　　　　B. 互补色配色　　　　C. 对比色配色　　　　D. 类似色配色

（三）判断题

1. 色相指色彩的明暗程度。（×）

2. 一般情况下，暖色和明亮色具有前进的感觉。（√）

3. 渐变法是以三个以上的色阶的结构形式，以规则渐变的变化引导视觉从一色转到另一色的渐进效果。（√）

4. 无彩色包括黑色、白色和灰色。（√）

5. 在服装色彩搭配中，各色彩的面积比例基本相等是比较恰当的搭配方案。（×）

6. 类似色配色是色相环中处于5°以内的色相配色。（×）

7. 明度轴中相距3格以上的明度对比关系可以称为强对比。（×）

8. 明度高的色彩感觉轻，明度低的色彩感觉重。（√）

【操作技能题库】

设定季节为秋季，根据图2-50所示的三套服装，对服饰进行色彩、纹样的搭配设计，并以文字说明搭配原理及搭配的预期效果。

【任务评价】

任务评价考核表如表2-9所示。

表2-9　任务评价考核表

类别	标准	分值（总分100）
A类卷	1. 符合试题规定及要求 2. 有明确的色调意识和良好的色彩感觉，服装款式及色彩层次安排恰当，色彩对比及调和关系明确，而且具有美感 3. 色彩与服装款式、图案纹样结合好，表现生动，造型生动，画面整体效果好	90~100
B类卷	1. 符合试题规定及要求 2. 色调意识较强，色彩感觉较好，服装款式及色彩层次安排恰当，色彩对比及调和关系明确，有一定美感 3. 色彩与服装款式、图案纹样结合较好，表现生动，略有缺点，画面整体效果较好	75~89
C类卷	1. 基本符合试题规定及要求 2. 色彩对比及调和关系把握一般，色彩变化体现不够鲜明，画面美感不够 3. 色彩与服装款式、图案纹样结合一般，表现不够生动，画面整体效果一般	60~74
D类卷	1. 不符合试题规定及要求 2. 色彩对比及调和关系缺乏最基本的认识，色彩关系混乱，不能画出必要的色彩变化，画面缺乏美感 3. 画面整体效果较差	40~59
	在服装造型、图案纹样、色彩等各因素掌握方面有严重缺陷，画面整体效果差	39以下

图2-50　服装款式图

任务2.2　服饰风格搭配

【思维导图】

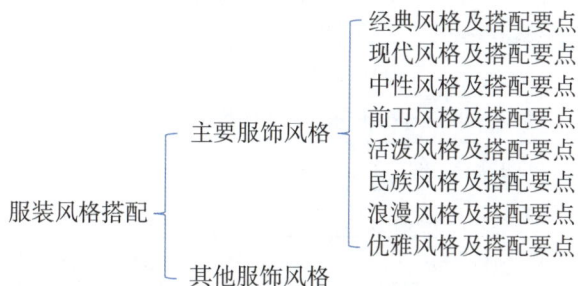

服装风格搭配
- 主要服饰风格
  - 经典风格及搭配要点
  - 现代风格及搭配要点
  - 中性风格及搭配要点
  - 前卫风格及搭配要点
  - 活泼风格及搭配要点
  - 民族风格及搭配要点
  - 浪漫风格及搭配要点
  - 优雅风格及搭配要点
- 其他服饰风格

【任务导入】

小李是某店铺陈列师，店长请小李为刚到店铺的新品搭配浪漫风格和优雅风格的服装各一套，准备出样到中岛。

（一）知识目标

掌握服饰风格类型及搭配要点。

（二）技能目标

（1）能识别各种典型服饰风格。

（2）能结合实际界定服装单品风格，并进行恰当的服饰搭配。

（三）素质目标

（1）具有良好的审美。

（2）了解最新流行的服装风格，具备一定的探究精神。

（3）能够自觉维护品牌风格形象，具备一定的服务意识。

【知识学习】

服装风格指一个时代、一个民族、一个流派或一个人的服装在形式和内容方面显示出来的价值取向、内在品格和艺术特色。目前，相对稳定的服装风格类型大致可分为经典、现代、中性、前卫、活泼、民族、浪漫、优雅八大类，以及其他细分的服装风格。成功的服饰风格搭配对于提高服饰商品价值感及店铺陈列展示的魅力都起着重要的作用。

一、主要服饰风格

（一）经典风格及搭配要点

经典风格比较实用、简洁、传统且保守，受流行影响较少，讲究品质，追求严谨高雅。具体搭配要点详见表2-10、图2-51。

表2-10　经典风格搭配要点

设计要素	搭配要点
色彩	蓝色、酒红色、白色、紫色等沉静高雅的古典色为主
面料	常用质感爽滑或质地相对细腻的面料
图案	以传统的彩色、单色面料居多
款式	衣身大多对称，廓型以直筒为主，少用省道与分割线
装饰及配饰	装饰细节精致，比如局部绣花、领结、领花等

图2-51　经典风格搭配

（二）现代风格及搭配要点

现代风格具有都市洗练感和现代感，简练的知性风格为主，不失高雅品位。具体搭配要点详见表2-11、图2-52。

表 2-11　现代风格搭配要点

设计要素	搭配要点
色彩	无彩色或冷色系的色彩为主
图案	常采用简洁的几何图形
款式	廓型为直线条
配饰	体现时尚现代的配饰

图2-52　现代风格搭配

（三）中性风格及搭配要点

中性风格强调雌雄同体、无性别特征，起源于性别特征观念的淡化引起的性别审美情趣转变。如美国品牌卡尔文·克莱恩（Calvin Klein），将男女服饰的趋同性以简约的方式呈现。具体搭配要点详见表2-12、图2-53。

表2-12　中性风格搭配要点

设计要素	搭配要点
色彩	以单色、暗色为主，如黑色、灰色、米色等
图案	以几何形为主，如条纹、格纹
款式	简洁、功能主义，造型以直线和斜线居多，大多表现为分割线的形式，以线造型和面造型为主且面造型大多对称规整、点和体的造型运用较少
配饰	领带、绅士帽、墨镜、皮靴、平底鞋等，体现男女共通性

图2-53　中性风格搭配

（四）前卫风格及搭配要点

前卫风格运用波普艺术、幻觉艺术、未来派等前卫艺术，以街头艺术作为灵感获得一种新奇多变的服装风格。具体搭配要点详见表2-13、图2-54。

表2-13　前卫风格搭配要点

设计要素	搭配要点
色彩	用色大胆鲜明、对比强烈、不受约束
图案	比较野性，各种材料的运用拼接出新奇古怪的图案，体现出不规则性、创意性
面料	经常使用奇特新颖、时髦刺激的面料，材质搭配通常反差较大
款式	造型富于幻想，设计无常规，较多使用不对称结构与装饰，尺寸与线形变化较大，分割线随意无限制
配饰	大型别针、吊链、裤链、帽子、头巾等

图2-54　前卫风格搭配

（五）活泼风格及搭配要点

活泼风格轻松明快，适合日常穿着，具有青春气息。具体搭配要点详见表2-14、图2-55。

表2-14　活泼风格搭配要点

设计要素	搭配要点
色彩	通常比较亮丽
图案	花色较多，常用简单图案表现出强烈的动感
面料	选择随意，棉、麻、丝、毛及化纤均可使用
款式	使用多种服装造型，繁简皆宜，款式活泼利落，衣身通常短小且紧身，分割线也不受约束，弧形线或变化设计的零部件较多

图2-55　活泼风格搭配

（六）民族风格及搭配要点

民族风格指汲取中西方各民族、民俗服饰元素，结合时代精神和理念，融入新材料、流行元素等，达到民族化和时代感完美结合的风格。中式风格借鉴中国传统服饰如唐装、旗袍等设计手法以及其他民族服装的形式要素；西式风格则以国外民族服装为灵感，如波西米亚风格、日耳曼民族风格、俄罗斯民族风格等服装风格。具体搭配要点详见表2-15、图2-56。

表2-15　民族风格搭配要点

设计要素	搭配要点
色彩	多数浓烈、鲜艳，对比较强
图案	带有民族特色的典型图案，手工装饰较多，多用刺绣、珠片、流苏、嵌条、滚边、印花、编织物等装饰
面料	选用民族特点的面料，针对不同国家和地区、不同民族使用的面料差异较大
款式	地域特点鲜明，较少使用分割线，大多工艺较特殊
配饰	体现民族手工艺的饰品

图2-56　民族风格搭配

（七）浪漫风格及搭配要点

浪漫风格优美朦胧、柔和轻盈，追求纤细、华丽、透明、摇曳生姿的效果。具体搭配要点详见表2-16、图2-57。

表2-16 浪漫风格搭配要点

设计要素	搭配要点
色彩	优美、轻柔、梦幻的色调为主
面料	多为柔软透明、飘逸潇洒、悬垂性好的材料
款式	大多精致奇特，局部处理别致细腻
配饰	用褶皱、荷叶边、蕾丝边、多层边、波浪式褶边、饰边、饰带、饰珠、刺绣等古朴而柔和的细节点缀

图2-57 浪漫风格搭配

（八）优雅风格及搭配要点

优雅风格是成熟女性气质的代表，体现高雅、含蓄的高品质视感。具体搭配要点详见表2-17、图2-58。

表2-17 优雅风格搭配要点

设计要素	搭配要点
色彩	比较低调的颜色，如黑色、深棕色、驼色等，通常不会超过三色，配色以和谐为主
图案	精致的图形
款式	以精致的套装或者设计讲究的连衣裙为主，具有一丝不苟的剪裁及轮廓，使用较高品质的面料以及精致的工艺等
配饰	宽檐帽、手套，包包、高级珠宝

图2-58　优雅风格搭配

二、其他服饰风格

除八大类服装风格外，还有其他细分的服装风格，服装风格搭配详见图2-59。

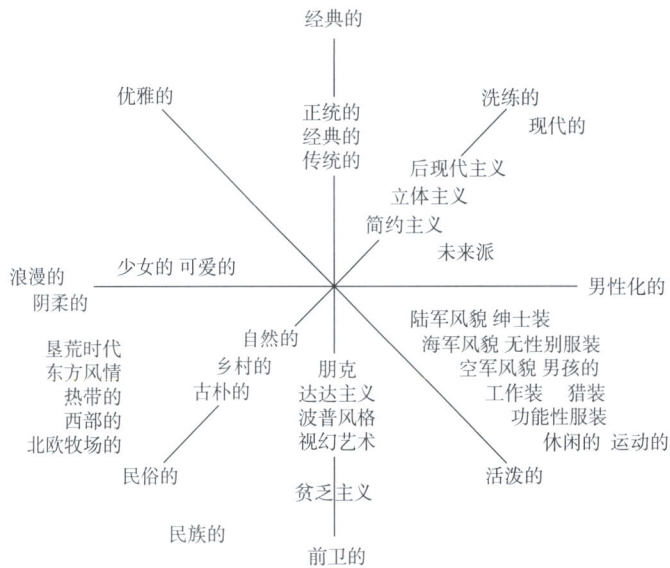

图2-59　服装风格细分

【任务实施】

（一）准备阶段

（1）分解任务，明确任务目标。

（2）完成浪漫风格、优雅风格分析。

（3）寻找参考图。

（二）实施阶段

（1）完成店铺的浪漫风格、优雅风格单品选取。

根据浪漫风格、优雅风格定位，完成两套服装上装和下装、里装和外装及配饰单品的选取。

（2）完成两套服装单品搭配组合。

根据风格特征，完成两套服装与配饰之间的形、色、质、图案、配饰之间的组合。

（3）搭配调整。

根据形式美学和时尚搭配法调整搭配。

（三）收尾阶段

完成整体服饰搭配整理。

【任务评价】

任务评价考核表如表2-18所示。

表 2-18　任务评价考核表

评分任务	分值 （总分100）	评分条件	评分要求 （分值）	自评	教师评价
风格鉴定	30	1.能准确阐述浪漫风格特征 2.能准确阐述优雅风格特征	未完成一项扣15分，扣分不得超过50分		
服饰搭配	60	1.能完成浪漫风格服饰搭配 2.能完成优雅风格服饰搭配	每项分值30分，其中每项分值评分标准： 1.能完成相应任务，且具有美感和时尚感（30） 2.能较好完成相应任务，且具备一定美感和时尚感（24） 3.能基本完成相应任务（18） 4.完成任务效果欠佳（9） 5.不能完成相应任务（0）		
素质素养	10	1.保持服装清洁、整齐、完好 2.语言表达流利	每项分值5分，其中每项分值评分标准： 1.能完成相应任务（5） 2.能较好完成相应任务（4） 3.能基本完成相应任务（3） 4.完成任务效果欠佳（1.5） 5.不能完成相应任务（0）		

【学习笔记】

【知识题库及答案】

（一）单选题

1. 民族风格指汲取中西方各民族、民俗元素，结合时代精神和理念，融入新材料、流行元素等达到的民族化和（ A ）的完美结合。

    A. 时代感　　　　　　B. 个性化　　　　　　C. 民俗化

2. 英国品牌亚力山大·麦昆（Alexander McQueen）作品常以狂野的方式表达情感力量，尊贵中隐现沉沦气质，也是恐怖美学的拥护者，设计既性感又晦暗，此种服饰风格属于（ D ）。

    A. 中性风格　　　　　　　　　　　B. 巴洛克风格

    C. 洛可可风格　　　　　　　　　　D. 哥特风格

3. 嘻哈风格服饰在整体风格上有一个最明显且典型的特征是（ B ）。

A. 前卫　　　　　　B. 超大尺寸　　　　C. 中性

4. 中性风格是传统性别审美情趣的转变，总体风格特征是（ A ）。

A. 雌雄同体　　　　B. 极简　　　　　　C. 夸张

（二）多选题

1. 随着历史时期、地域、人群、艺术流派等因素的变化、影响，而形成了展现不同（ ABC ）的服饰风貌，即所谓服装的风格。

A. 价值取向　　　　B. 内在品格　　　　C. 艺术特色

2. 下列属于主流服饰风格的有：（ ABC ）。

A. 简约风格　　　　B. 田园风格　　　　C. 通勤风格　　　　　D. 洛丽塔风格

3. 下列属于复古风格的有：（ BCD ）。

A. 中性风格　　　　B. 巴洛克风格　　　C. 洛可可风格　　　　D. 哥特风格

4.（ BC ）是品牌风格被人们认识的条件。

A. 多样性　　　　　B. 稳定性　　　　　C. 一贯性

5. 通勤风格主要指白领女性在通勤途中、工作场所和社交场合穿着的服饰风格。通勤风格的服装相比职业装更（ A ），但比平日所穿的休闲装更（ C ）。

A. 随意　　　　　　B. 前卫　　　　　　C. 正式　　　　　　　D. 个性

（三）判断题

1. 巴洛克风格服饰的总体特点是艳丽、奢华、浮夸。（ √ ）

2. 学院风格和JK风格一样，都是体现校园氛围的装扮，所以没什么区别。（ × ）

3. 古典主义体现古希腊、古罗马的文化和艺术特点，合理的比例、优雅的色调，展现飘逸而完美的女性曲线。（ √ ）

4. 解构主义风格追求"扰乱的完美"，破坏原本的形式美原则，代之以变形、扭曲等反形式手法，属于一种前卫的、概念的服饰风格。（ √ ）

【操作技能题库】

1. 以杂志剪贴的方式，搭配出三套洛丽塔风格的服装，分别表现出甜美系、经典系、哥特系三种风格的不同特色。

要求：

（1）风格特征区别明显。

（2）服装搭配整体。

（3）服装搭配具备时尚感。

2. 以杂志剪贴的方式，搭配出男女现代风格服饰各两套。

要求：

（1）风格特征区别明显。

（2）服装搭配整体。

（3）服装搭配具备时尚感。

任务2.3　TPO场合着装搭配

【思维导图】

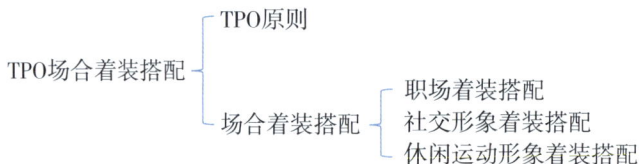

【任务导入】

莉莉是某店铺陈列助理。有位职场白领，同一天的中午要参加一个商务谈判，晚上还要参加一个闺蜜的生日派对，请莉莉帮忙给她提供适合不同场合需求的搭配建议。

（一）知识目标

（1）掌握服饰搭配的TPO原则。
（2）掌握职场、社交、休闲运动场合的服饰搭配要点。

（二）技能目标

能根据消费者场合需求提供恰当的整体着装形象搭配建议。

（三）素质目标

（1）具有良好的审美能力及一定的文化艺术修养。
（2）有一定的销售、搭配、服务等职业综合素养。

【知识学习】

一、TPO原则

TPO原则是有关服饰礼仪的基本原则之一。其中T、P、O三个字母，分别是英文时间（Time）、地点（Place）、场合（Occasion）这三个单词的首字母缩写。"T"指穿着要注意年代、季节和一天的各个时间段。"P"指穿着要适合地点环境。"O"指穿着要适合场合。它的含义是要求人们在选择服装和具体款式时，应当兼顾时间、地点、场合，并力求使着装具体款式与着装的时间、地点、场合协调一致。在做服装搭配时，对应具体消费者的着装需求，要明确给什么人穿、什么时间穿、什么地点穿、什么场合穿、为了什么穿。

二、场合着装搭配

在物质文明发达的今天，消费者开始日益注重自身外在整体形象的塑造，得体而应景的整体着装，体现一个人的修养和教养。生活中，消费者的整体形象塑造主要体现在职业场合、社交场合和休闲场合。陈列师和店铺销售人员掌握整体着装搭配技术，给消费者提供整体形象搭配服务，可增强消费黏性，进而提高店铺连带率。

（一）职场着装搭配

所谓职场着装指在工作、商务场合中的着装与搭配。

职场着装要点：注意工作的性质、岗位、环境，着装要大方得体，以职业套装、商务套装等为主，色彩稳重，款式简洁，体现干练的职场形象。

其中，女性职场穿着不能过于暴露、花哨，要注意细节，如丝袜、鞋子与配饰不要过于繁杂、华丽；而男性着装时袜子的颜色不能为白色，不能穿拖鞋、短裤等太过于随意休闲的衣着，忌衬衫不系扣子和领带随意等不雅着装。

1. 正式职场着装

正式职场主要指重要的商务会议、登台演讲、求职面试等比较严肃庄重的公共职场。正式职场中，一般穿着职业套装最为稳妥，女性搭配淡雅妆容，简洁干练的发型，恰当的配饰，可使职场整体形象看起来稳重大方、简洁干练、优雅而自信。男性在出席一些正式会见、招待会、发言、演讲等社交活动时最好穿深色西服套装，配白衬衫，领带颜色对比不宜太强烈（图2-60）。

2. 日常职场着装

普通的上班族、办公室职员等为提高工作效率和适应较长时间繁忙工作，在职场中着装可以适当宽松休闲一点。男性职场的着装搭配风格可以偏商务休闲风格，衬衫、领带与西服颜色协调，如果是相对宽松的工作环境，也可以穿衬衫不系领带（图2-61）。女性可以选择休闲宽松板型的小西装，搭配衬衫、阔腿裤、连身裙、风衣等，配以简单的饰品，淡雅的妆容，整体形象大方、时尚，穿着舒适（图2-62）。

图2-60 正式职场着装

图2-61　半正式场合男士着装搭配

图2-62　女性日常职场着装

（二）社交形象着装搭配

1. 盛装宴会着装搭配

盛装宴会指需盛装出席的、隆重的大型宴会。主要角色（如主办者、受奖者、主婚人）的穿戴较一般参加者讲究，且与主办者的关系越近，穿戴就越讲究，详见表2-19。

表2-19 盛宴服饰搭配

性别	服装特征	可搭配配饰	整体风格
男性	黑色西服（图2-63）	1. 衬衫 2. 领结/领带 3. 白色手巾 4. 黑袜子 5. 漆皮鞋……	民族性与国际性相统一
女性	1. 裙长至脚面，为最高等级（图2-64） 2. 颜色庄重 3. 面料精美华贵 4. 做工考究	1. 珠宝首饰 2. 腰带 3. 晚宴包 4. 礼帽 5. 高跟鞋……	

图2-63 男士盛装

图2-64 女士盛装

2. 商业宴会着装搭配

商业宴会为商业社交场合，穿着服饰不仅代表个人形象，还代表着企业与品牌的内涵，参会者要根据所在职场的职位、公司定位来搭配服饰。如金融商贸类的公司职员应以给人信任感的稳重着装为主。男士出席商务宴会时，如果宴会级别较高，可选用标准的黑色套装，双排扣戗驳领、精纺毛料、配同色同质的裤子、白色衬衫、马甲和领带；出席普通商务宴会一般穿着普通西装，配衬衫和领带（图2-65）。女性建议着套装或连衣裙，如果为时尚业举办的商务社交活动，女性可以彰显个性，服装款式造型应走在流行前沿（图2-66）。

图2-65 男士商业宴会套装

图2-66　女士商务宴会着装

3. 时尚宴会着装搭配

时尚派对也是宴会的一种，形式更加多样，彰显个性，风格自由，品位独特，详见表2-20。

表2-20　女性时尚宴会服饰搭配

派对分类	服装特征	可搭配配饰	整体风格
鸡尾酒会	鸡尾酒会是时尚宴会中较为正式的，有专门的鸡尾酒会礼服，款式为礼服裙，裙长不宜太长，方便行动	珠宝首饰、腰带、手包、高跟鞋、披肩、小手套	优雅、轻松、自然（图2-67）
主题派对	服装款式颜色搭配比较自由，符合派对主题的基本要求	选择既符合主题又彰显个性的配饰	主题风格（图2-68）

图2-67　鸡尾酒会小礼服

图2-68　万圣节主题着装

（三）休闲运动形象着装搭配

休闲服装通常指非正式场合穿着的服装，简洁舒适。休闲服装的搭配，能体现出时代气息，彰显穿着者的个性。

1. 运动休闲场合着装搭配

运动休闲场合的着装搭配要考虑运动的项目和场合，选择不同功能和种类的服装，如瑜伽运动需要选择更贴身柔软、高弹力的面料，而跑步、篮球等运动则需要选择吸湿排汗速干等功能面料的运动服、运动鞋等，游泳则需要游泳衣、游泳帽等（图2-69）。

图2-69　运动休闲装

2. 逛街休闲场合着装搭配

逛街休闲装是指人们在购物、外出散步、走访时穿着的服装，穿着时需体现时代的流行元素（图2-70）。着装搭配要点有如下两点。

（1）款式造型不拘一格，对于青年人来说，根据流行和个人喜好进行穿着，如针织罗纹套头衫、牛仔裤等。

（2）颜色参照流行色，可以鲜艳、醒目，也可以素雅浅淡。

可搭配配饰有帽子、腰带、休闲鞋、风格明显的休闲包、其他个性配饰等。

图2-70　逛街休闲装

3. 旅游休闲场合着装搭配

旅游不仅可以缓解工作以及生活上的压力，还可以提高自身的阅历、增加自身的见识。旅游已经成为大众喜欢的一种生活方式，对于消费者来讲，旅行时的穿搭也很讲究。

着装搭配要点：旅行着装首先要注意舒适、宽松，可以应对旅行的舟车劳顿（图2-71）。其次，可以根据旅行的方式和目的来搭配服装，选择与当地环境氛围相匹配的服饰，便于人们融入当地的风土人情中（图2-72）。

4. 居家休闲场合着装搭配

居家休闲着装指人们在家中的穿着，选择适于家中活动的服装款式，有利于缓解疲劳、放松心情。无拘无束的家居服，质朴归真，简洁大方，款式多样（图2-73）。

着装搭配要点：

（1）款式以针织家居款为主。

（2）颜色较浅，色泽柔和。

（3）面料以亲肤的棉麻质地居多。

可搭配的配饰有头巾、软帽、拖鞋等。

图2-71 旅游休闲服

图2-72 Etro /Anna Sui 2019年春夏

图2-73 家居休闲服

【任务实施及要求】

（一）准备阶段

（1）消费者分析：身材、年龄、着装风格。

（2）TPO分析：消费者出席活动的时间、地点、场合。

（二）实施阶段

（1）根据消费者个体特点和需求选择适宜商务会议的服装一套。

（2）根据消费者个体特点和需求选择适宜生日宴会的服装一套。

（3）根据选用服装的款式、颜色、面料，选用适宜的配饰，如鞋、包、首饰等。

（4）消费者试穿。

（5）服装搭配调整。

（三）收尾阶段

整理服装。

（四）任务要求

（1）以小组形式完成任务，每组3~4人。

（2）任务实施符合职业规范。

【任务评价】

任务评价考核表如表2-21所示。

表2-21　任务评价考核表

评分任务	分值 （总分100）	评分条件	评分要求	自评	教师 评价
消费者分析	20	1. 能明确辨析消费者的年龄、性别和体型特征 2. 能明确辨析消费者的性格特征	未完成一项扣10分，扣分不得超过20分		
职场服饰搭配	30	1. 能根据消费者实际需求，完成职场服饰搭配 2. 能根据消费者体型、性格等特征，完成职场服装搭配	未完成一项扣15分，扣分不得超过30分		
社交场合 服饰搭配	30	1. 能根据消费者实际需求，完成社交场合服饰搭配 2. 能根据消费者体型、性格等特征，完成社交场合服装搭配	未完成一项扣15分，扣分不得超过30分		

续表

评分任务	分值 （总分100）	评分条件	评分要求	自评	教师评价
素质素养	20	1. 服饰搭配具有时尚性 2. 服饰搭配符合消费者需求 3. 服饰搭配符合消费者体型特征 4. 与人沟通语言流利、具有亲和力	未完成一项扣5分，扣分不得超过20分		

【学习笔记】

【知识题库及答案】

（一）单选题

1. 职业装适合搭配的鞋子有（ B ）。

A. 运动鞋   B. 皮鞋

C. 松糕鞋   D. 雪地靴

2. 以下服装中，最适合面试的着装是（ D ）。

A. 无袖连衣裙   B. 短裤

C. polo衫   D. 长袖A字裙

3. 女性参加隆重的大型宴会时，穿着裙子的长度一般（ C ）。

A. 裙长及膝   B. 裙长到小腿中部

C. 裙长到脚面   D. 不限

4. 以下服装中属于全天候礼服的是（ A ）。

A. 黑色套装   B. 燕尾服

C. 董事套装   D. 塔士多

5. 服饰审美要求不包含（ B ）。

A. 和谐   B. 整洁

C. 美感   D. 个性

（二）多选题

1. 在职场中，穿着正式的H型大衣，内搭不合适的有（ BC ）。

A. 直筒裙   B. 花苞裙

C. 蓬蓬裙   D. 衬衣和西装裤

2. 面试时要避免的搭配有（ ABCD ）。

A. 破洞牛仔裤   B. 华丽的印花衬衣

C. 哈伦裤   D. 迷你裙

3. 礼服中属于第一礼服的有（ BD ）。

A. 塔士多   B. 燕尾服

C. 梅斯   D. 晨礼服

4. 针对服装搭配来说，TPO原则指的是（ ABC ）的着装要求。

A. 何时   B. 何地

C. 何种场合   D. 何年龄

5. 休闲背带裤适合的上装有（ AB ）。

A. 紧身针织衫   B. T恤

C. 蕾丝上衣   D. 运动内衣

（三）判断题

1. 职场中，穿着职业套装时对搭配的丝袜颜色没有要求。（ × ）

2. 在基本款服装的基础上能打造出独特又有创意的自我风格的物件就是配饰。（ √ ）

3. 鸡尾酒会是正式宴会，需要穿绝对正装出席。（ × ）

4. 中国领导人出席国外举办的国宴，可以穿着中式礼服。（√）

5. 礼服的风格极为丰富多彩，可以是很传统繁复的欧式礼服，也可以是个性艳丽的民族风礼服，还可以是融合街头朋克元素的现代流行礼服。（√）

6. TPO原则中的T（Time）指穿着要注意年代、季节和一天的各个时间段。（√）

7. 男性出席普通商务宴会一般穿着普通西装，配衬衫和领带。女性建议着套装或连衣裙。（√）

【操作技能题库】

1. 识别图2-74所示的服装风格，并分析适用的场合。

图2-74 女性服饰搭配示例

2. 根据服饰搭配的基本原则，对图2-75中的连衣裙选取不同风格的三件外套进行搭配，搭配出适用于三种场合的服饰，并做具体说明。

要求完成：

（1）对三种外套款式的风格进行说明。

（2）对搭配出的三种风格进行说明。

（3）对搭配出的三种风格进行配饰选择。

3. 假设你要去参加绫致服装子品牌ONLY的面试，请给自己搭配一套适宜面试的服装，具体要求如下：

（1）注明自己的性别、年龄。

（2）将搭配的服装以图片的形式进行呈现，并把选择的服装进行品牌标注。

（3）根据搭配的服装选择配饰。

（4）分析撰写搭配设计说明。

上交格式：JPG

4. 请为公司女性高管搭配一套出席重要会议的服装。

任务要求：

图2-75　女士连衣裙

（1）将所搭配服饰的款式、颜色、面料进行详细说明。

（2）以图片形式呈现所搭配的服饰并将服饰品牌进行标注。

5. 根据图2-76呈现的男士着装了解礼服名称和礼服等级。

图2-76　男士着装

任务要求：

（1）了解图2-76中男士礼服的礼服与配饰。

（2）列举穿着此款礼服时的时间、场合。

任务 3 产品推介与服务

任务3.1 销售礼仪规范

【思维导图】

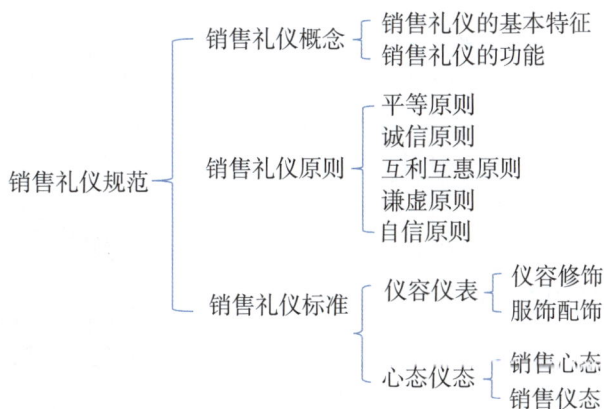

【任务导入】

小张是某品牌服装门店新入职员工，店长要求小张根据品牌文化和管理要求，端正仪容仪表，并尝试接待一名顾客，完成销售礼仪服务。

（一）知识目标

（1）了解销售礼仪的基本特征和功能。
（2）掌握销售礼仪五大原则与各项标准要求。

（二）技能目标

能够遵循销售礼仪各项原则，合理展现符合标准的仪容仪态。

（三）素质目标

（1）具备良好的礼仪服务意识。
（2）具备良好的应变能力。

【知识学习】

一、销售礼仪概念

销售礼仪是应用于营销活动中的礼仪，是销售人员在营销活动中用以维护企业或个人形象，对服务对象表示尊敬、善意、友好等而采取的一系列行为及惯用礼仪形式。良好的销售礼仪能提高消费者进店率，提升消费者购买过程中的满意度，进而促进产品的销售。销售礼仪概念包含销售礼仪的基本特征和销售礼仪的功能等。

（一）销售礼仪的基本特征

（1）销售礼仪属于企业营销活动，是企业行为的组成部分。其行为主体是企业或企业化的销售人员。即销售礼仪是通过企业销售人员表现出来的企业行为，而不是单纯的个人行为，是维护企业形象、促进企业销售而采取的企业化个人行为（图2-77）。

（2）销售礼仪在注重情感沟通的同时，也注重信息交流，善于利用大众传媒来沟通企业与公众的关系。销售礼仪旨在实现理性和感性的结合，实现情理与利益的和谐统一。销售礼仪超越情感沟通，讲究策划创意和传播效应，看重公众的评价、态度和反应。

（3）销售礼仪的主要目的在于树立和维护企业的良好形象。销售礼仪通常会带有企业文化的色彩，具有企业特色，包括企业自身多年发展形成的规范性、限定性、传承性、变动性等。

（4）销售礼仪在尊重不同地域和民族特殊性的同时，又注重礼仪的普遍性和共同性，如诚信待客、热忱服务，尊重消费者。在保证产品质量的前提下，企业的销售人员应针对不同地域的顾客，采取合适的、令人愉悦的销售礼仪。只有这样才能实现市场营销的目的，使企业的产品、服务和企业形象被消费者所接受。

图2-77 销售礼仪基本特征图

需要注意销售礼仪并非千篇一律、一成不变的，针对不同的人和不同的企业要做到入乡随俗，要善于学习不同环境下的礼仪标准与要求，做到恰到好处。

（二）销售礼仪的功能

在销售过程中，礼仪占有一定的分量。礼仪不是一种形式，而是从心底里产生对他人的尊敬之情。礼仪在日常社交中能获得陌生人的友善、朋友的关心、同事的尊重；在销售中能赢得顾客的信任，既有助于销售活动的开展，还有利于企业形象的塑造。其具体功能如下。

1. 有助于提高销售人员的自身修养

子曰："质胜文则野，文胜质则史。文质彬彬，然后君子。"在礼仪的学习和应用中，我们可以将其理解为只注重内心品质而不注重礼仪修养，则是粗野；而只注重外表修饰而忽略内心修养，则显虚浮。只有既重视内心修养的提高，又重视外在礼仪修养，这样的人才是真正的君子。由此可见，销售人员学习礼仪、运用礼仪，有助于提高自身的修养（图2-78）。

2. 有助于塑造销售人员的良好形象

礼仪本身是树立和塑造良好个人形象的过程，礼仪对一个人的仪容、表情、谈吐、举止、服饰等方面有着详尽的规范。因此销售人员学习礼仪时能够塑造良好的个人形象，人际关系将更加和睦，销售行为的开展也会变得更加顺利。

3. 有助于提高企业的经济效益，是塑造企业形象的重要工具

销售人员在工作时，代表的是企业和品牌，因此有责任塑造和维护企业的良好形象，言谈举止都要对公司的形象负责。企业只有在公众心中树立起良好的形象，其产品才能够被消费者接受。对于企业来说，销售礼仪是企业价值观念、道德观念、员工素质的整体体现，是企业文明的重要标志。通过规范销售人员的销售礼仪，提升服务质量，使客户满意，能够给企业带来较好的经济效益。

图2-78　销售人员礼仪

二、销售礼仪原则

销售礼仪本质上是企业市场营销活动的一部分，是企业形象的一种宣传形式和传播手段。销售礼仪体现在企业及销售人员的行为或程序礼仪、顾客的反应和反馈中。销售礼仪在实施过程中必须遵守平等原则、诚信原则和互利互惠原则，此外从个人角度，销售人员还需坚守谦虚和自信的原则。销售礼仪原则的重要性和方法，具体详见表2-22。

表 2-22　销售礼仪原则

名称	重要性	方法
平等原则	1. 建立情感的基础 2. 保持良好客户关系的诀窍	1. 正确评价自我价值 2. 克服对知名人士的恐惧 3. 正确认识销售工作 4. 保持平等
诚信原则	1. 基本要求，必备条件 2. 做人之根本	1. 不浮夸产品 2. 不说谎 3. 不轻易许诺
互利互惠原则	1. 双方达成交易的基础 2. 增强销售人员的工作信心 3. 能够形成良好的交易气氛，利于销售工作的开展	1. 发掘客户的需求，并尽可能地满足客户 2. 积极地为客户着想，做到"以诚相待，以心换心"
谦虚原则	1. 有效的营销手段 2. 个人素养的体现	1. 谦虚不是一味地奉承，虚心学习前辈的销售经验，减少犯错 2. 虚心向客户请教，了解客户需求
自信原则	1. 力量的源泉，战胜困难的必备条件 2. 销售人员取得成功不可或缺的信念	1. 树立强烈的自信心，言谈举止流露出充分自信 2. 充分了解企业文化和商品信息

三、销售礼仪标准

（一）仪容仪表

1. 仪容修饰：展现积极与健康

作为销售人员，要想给顾客留下良好的第一印象，就必须注重仪容仪表的修饰，必须在尊重顾客的基础上，突出自己的职业性和服务性，力求给顾客留下一种积极、健康的感觉。在仪容修饰方面，主要有面部、发型和化妆三个方面的要求和禁忌，具体详见表2-23。

表 2-23　仪容修饰的要求与禁忌

仪容修饰部位	要求	禁忌
面部的美化与修饰 （图2-79）	洁净：脸部干净清爽，无灰尘、无油垢、无汗渍等，口气清新 健康：精神饱满，无体味 自然：不带个人情绪，适度美化、化淡妆	1. 眉毛、鼻毛、胡子杂乱，有口气 2. 受伤或涂抹药品的脸部与顾客正面直接接触 3. 标新立异，追求前卫
发型的修护与选择 （图2-80）	头发整洁：清洗、修剪头发，经常梳理头发 发型得体：长短适当，简约明快	1. 头发中有头皮屑等异物 2. 头发过长、杂乱 3. 过度烫发染发，造型夸张
化妆的礼仪规范 （图2-81~图2-83）	妆容淡雅整洁：淡妆、简妆为主 浓度适度：根据工作性质决定化妆程度 美化避短：重在避短，不在扬长	1. 离奇出众 2. 技法出错 3. 残妆示人

2. 服饰配饰：符合公司统一要求

（1）穿着整齐及合体的公司统一制服（图2-84）。

（2）端正佩戴工牌。

（3）工牌必须完好无损，清洁无污垢，员工信息清晰可见。

（4）穿轻便休闲鞋或运动鞋，个别品牌须穿与服饰相搭配的皮鞋。

（5）可佩戴简单饰品，如手表、项链、戒指等，但不宜过多或过于张扬个性。

（6）不可佩戴鼻环，男员工不可佩戴耳环。

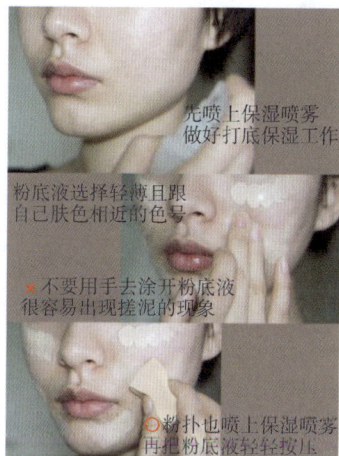

图2-79　面部礼仪规范演示　　　图2-80　发型礼仪规范演示　　　图2-81　眉毛化妆礼仪规范演示

图2-82　眼睑化妆礼仪规范演示　　图2-83　唇部化妆礼仪规范演示　　图2-84　着装礼仪规范演示

（二）心态仪态

1. 销售心态

（1）心态准备。心态对于任何行业都有着至关重要的作用，做好销售工作更需要具备良好的心态。作为一名销售人员，在不断钻研销售技巧的同时，还必须努力提高自身内在修为，培养良好的心态，做好心态准备（图2-85）。

（2）心态调整。在销售过程中，真正导致业绩平庸的，不是激烈的同行竞争、萧条的市场环境、多样化的顾客要求，而是潜在销售员内心深处的消极心态。即使外部条件再有利，没有好的心态，也不能成就卓越的业绩。那应如何有效地进行心态调整，可以参考以下五条心态调整的方法（图2-86）。

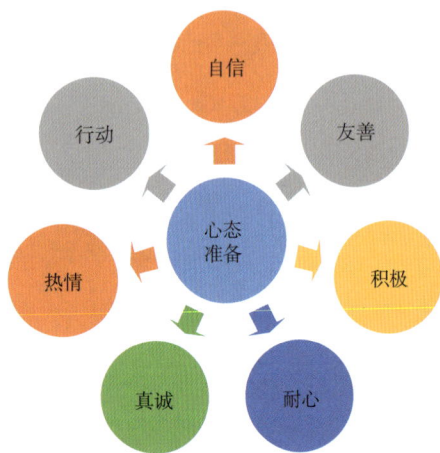

图2-85　心态准备

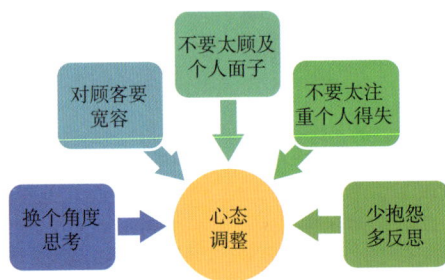

图2-86　心态调整

2. 销售仪态

（1）仪态过程。在销售人员与顾客交流的过程中，约有80%的信息是通过仪态举止这种无声的语言传递的。它是塑造个人良好形象的起点，同时也是向外界展示企业文化的方式（图2-87）。

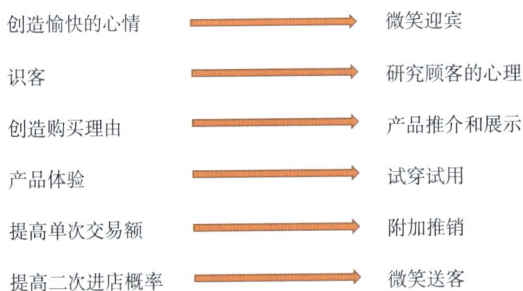

创造愉快的心情	→	微笑迎宾
识客	→	研究顾客的心理
创造购买理由	→	产品推介和展示
产品体验	→	试穿试用
提高单次交易额	→	附加推销
提高二次进店概率	→	微笑送客

图2-87　仪态过程

（2）仪态标准和禁忌。在销售仪态标准和禁忌方面，主要包括销售过程中的行走、站姿、眼神、表情和与顾客距离等几项具体要求，详见表2-24。

表 2-24　销售仪态的标准与禁忌

名称	标准	禁忌
行走 （图2-88）	1.身子直立、昂首挺胸 2.步速稳健、直线前行 3.双肩平稳、两臂摆动 4.全身协调、匀速前进	1.忌并排走或抢行 2.忌奔来跑去 3.忌制造噪声

续表

名称	标准	禁忌
站姿	1. 抬头挺胸、下颌微收 2. 两腿并拢直立，脚尖分开45° 3. 双肩放松、手臂自然垂下	1. 忌两腿交叉站立 2. 忌双手或单手叉腰 3. 忌手交叉在胸前 4. 忌身体抖动、倚靠或弯腰驼背
蹲姿 （图2-89）	1. 蹲姿要优雅 2. 采用高低式蹲姿，一脚在前、一脚在后。在前全脚着地，垂直于地面，在后脚跟提起 3. 女性应并紧双腿	1. 忌下蹲时速度太快 2. 忌下蹲时离人太近 3. 忌下蹲时方位不当，不要蹲在顾客正前方或正后方 4. 忌着裙装随意下蹲
手势 （图2-90）	1. 见到熟悉顾客主动举手致意 2. 顾客离店可适当挥手道别 3. 指示方向时，应掌心向上 4. 双手递接物品 5. 部分商品需要戴手套拿取	1. 忌手部随意晃动 2. 忌用手指或指尖指点他人 3. 忌用手随意打标语，如OK、yeah或其他不文明手势
眼神	1. 交谈时，目光注视对方 2. 目光尽量处于正视或平视的角度 3. 注视时间占全部相处时间1/3左右 4. 转视时要亲切、柔和	1. 忌长时间直视对方眼睛 2. 忌俯视顾客或眼神不定 3. 忌戴墨镜或变色镜与人交谈 4. 忌在顾客说话时突然转移自己的视线，引起误会
表情	1. 微笑自然，不僵硬 2. 表情真诚、亲切	1. 忌面无表情对待顾客 2. 忌假笑或嘲笑顾客
与顾客距离 （图2-91）	1. 尽量与顾客保持一臂之隔（76~120cm） 2. 针对不同类型顾客调整合适距离，面对同性顾客或异性顾客距离要有不同	1. 忌距离顾客太近 2. 忌在顾客不希望被服务时，对其紧跟不舍 3. 忌与顾客肢体接触

图2-88 行走仪态

图2-89 蹲姿仪态

图2-90　手势仪态

图2-91　与顾客保持恰当距离

【任务实施】

（一）根据销售礼仪的基本特征和功能，了解销售礼仪的概念

（1）了解销售礼仪的基本特征。

（2）了解销售礼仪的功能。

（二）理解销售礼仪五大原则在销售过程中的意义

（1）理解销售礼仪五大原则的重要性。

（2）掌握销售礼仪五大原则的方法。

（三）根据销售礼仪标准，在设定情境下，完成符合企业要求的销售礼仪服务

具体任务流程如下：

1. 准备阶段

（1）分解任务，明确任务目标。

（2）设定任务情境。

①选择情境案例。

②根据案例分配人物角色。

③按照人物情境布置场景。

2.实施阶段

（1）案例情境呈现。根据选择的案例，呈现情境。

（2）案例人物表现。根据选择的案例，小组成员按照定好的情境演示。

（3）案例问题的处理和解决。根据所学销售礼仪知识和标准，对所发生的事故进行缓和处理。

（4）案例反思与总结。根据所发生的情境，以及展示的解决方案，对销售礼仪的相关知识进行反思和总结，思考如何在日后销售工作中避免发生类似情况。

3.收尾阶段

整理情境道具。

【任务要求】

（1）以小组形式完成任务，每组3~4人。

（2）任务实施符合企业职业规范。

【任务评价】

任务评价考核表如表2-25所示。

表2-25　任务评价考核表

评分任务	分值（总分100）	评分条件	评分要求	自评	教师评价
仪容仪表	30	1.仪容修饰：展现积极与健康 2.服饰配饰：符合公司统一要求	未完成一项扣15分，扣分不得超过30分		
礼仪心态	30	1.具有良好的心态 2.能够有效调整心态	未完成一项扣15分，扣分不得超过30分		
礼仪行为	30	1.能完成销售仪态流程 2.能执行销售仪态的标准	未完成一项扣15分，扣分不得超过30分		
素质素养	10	1.具有良好的服务意识 2.提升自身礼仪素养意识 3.具有职业幸福感和归属感	未完成一项扣3.5分，扣分不得超过10分		

【学习笔记】

【知识题库及答案】

（一）单选题

1.销售礼仪的主要目的在于（ B ）。

A.提升销售业绩

B.树立和维护企业的良好形象

C.帮助顾客选择商品

2.（ A ）有助于提高销售人员的自身修养。

A.销售礼仪　　　　B.企业培训　　　　C.职位晋升

3.（ C ）是双方达成交易的基础。

A.平等原则　　　　B.诚信原则　　　　C.互惠互利原则

4.仪容修饰的要求中，不包括（ B ）。

A.面部的美化与修饰

B.皮肤的滋润与保养

C.发型的修护与选择

5.销售心态中，不包含（ C ）。

A.心态准备　　　　B.心态调整　　　　C.心态安慰

（二）判断题

1.销售礼仪指在尊重不同地域和民族特殊性的同时，又注重礼仪的普遍性和共同性，即诚信待客、热忱服务、尊重消费者。（√）

2.在销售期间，不可佩戴简单饰品，如手表、项链、戒指等。（×）

3.自信原则应当树立强烈的自信心，言谈举止流露出充分自信，充分了解企业文化和商品信息。（√）

4.标准站姿应当是抬头挺胸、下颌微收，两腿并拢直立，脚尖分开45°，双肩放松、手臂自然垂下。（√）

5.销售礼仪要求销售人员与顾客的距离尽量保持一臂之隔（100~200cm），针对不同类型顾客调整合适距离，面对同性顾客或异性顾客距离要有不同。（×）

【操作技能题库】

（一）销售礼仪标准展示

在设定情境下，展示一段销售时的服务状态，要求符合企业品牌形象，并能充分体现销售礼仪的五大原则。

（二）案例分析与整改

导入案例：销售员小李喜欢留胡子，他认为这样显得自己成熟稳重，因此对于同事劝说自己刮干净胡子的建议不以为然。他认为，只要销售的产品质量好，价格有竞争优势，就可以把产品销售出去，与自己是否留胡子没有丝毫关系。可是当他去服务顾客时，却被顾客拒绝，理由是："我不想让胡子拉碴的人帮我拿衣服。"

请根据以上案例，运用销售礼仪相关知识分析，并提出整改建议。

（三）销售心态和销售仪态的应用与调整练习

从销售心态的准备和调整、销售仪态的标准和禁忌两大方面，针对沉默型、随和型、多疑型、傲慢型和犹豫型顾客，分别制定销售服务的应对方法和措施，并说明理由。

任务3.2　消费者心理分析及引导

【思维导图】

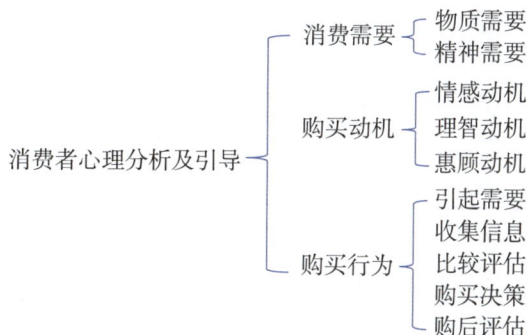

【任务导入】

小张在某品牌女装店实习，销售过程中主要针对消费者心理进行需求、动机、购买与否的行为分析。通过实际演练和小组讨论，明确消费者购买行为的背后动机，并有针对性地进行商品推荐。

（一）知识目标

（1）了解消费者购买需要、购买动机和购买行为。
（2）了解如何进行正确的消费引导方法。

（二）技能目标

能根据不同消费者需要、购买动机和购买行为实施相应的销售策略。

（三）素质目标

（1）良好的沟通交流能力与心理素质。
（2）自觉遵守企业各项规章制度。

【知识学习】

消费者心理指消费者在消费过程中所产生的心理活动。了解目标消费者的心理变化，正确引导消费者的购买心理，提升店铺销售业绩。消费者心理包括消费需要、购买动机和购买行为。

人们产生某种需要后，只有当这种需要达到某种特定目标时，才会产生购买动机，而购买动机是人们形成购买行为的直接原因。但并不是每个动机都必然引起购买行为，在多种动机中，只有最强烈购买动机才会引发购买行为（图2-92、表2-26）。

| 消费需要 | → | 购买动机 | → | 购买行为 | → | 特定目标 |

图2-92 消费需要、购买动机和购买行为的关系

表2-26 消费心理的核心概念

类别	概念
消费需要	个体感到某种缺乏而力求获取以商品形式存在的消费对象的欲望
购买动机	直接驱使消费者实施某种购买行为的驱动力，是一种愿望或意志
购买行为	个体为满足自己物质和精神生活的需要，在某种动机的驱使和支配下，所产生的购买行为

一、消费需要

消费需要是对现实要求的客观反映，人的行为是由动机支配的，而动机又是由人的需要引发的。只有对消费需要有更充分的认识，才能制定更为有效的营销策略，提升销售业绩。消费需要可分为物质需要和精神需要两大类，详见表2-27。

表2-27 消费需要分类

类别	功能	表现状态	消费引导
物质需要	为维持生命、保持生理平衡而形成的需求	保暖御寒需要、舒适透气需要、防风防雨需要等	了解消费者的显性需求，提供服装功能性的展示和属性推介

续表

类别	功能	表现状态	消费引导
精神需要	为提高精神生活水平而产生的需求	归属需要、赞赏需要、审美需要、尊重需要、流行需要等	在销售过程中挖掘消费者的隐性需求，建立情感纽带

二、购买动机

根据消费需要与刺激因素的多样性，可以将购买动机分为情感动机、理智动机、惠顾动机，根据购买动机进行正确消费引导，详见表2-28。

表 2-28　购买动机分类

类别	购买动机	目标	表现状态	消费引导
情感动机	求新动机	追求时尚、新颖和流行	关心服装款式、品种、花色等新颖性，不太关心价格	尽量强调产品的新颖性、推荐流行款产品
	求美动机	追求服装的审美价值、欣赏价值	追求服装的造型、色彩、艺术等美感属性，不过多考虑实用和价格	尽可能多地提供消费者可选择的款式和颜色
	求名动机	追求服装的品牌价值、价位	彰显个人的社会地位、经济实力和个人名望，对价格不敏感	宣传品牌的知名度和美誉度，介绍品牌的优势品类或产品属性
	求异动机	追求独出心裁、彰显自我	强调在社会群体中的标新立异、与众不同	推荐形象款产品或个性化产品，强调产品的新颖性和独特性
理智动机	求实动机	追求服装质量和价格	注重服装的性价比、易洗耐穿，不太讲究款式、流行程度	强调服装的品质和价格，重点推荐产品的吸湿透气、保暖御寒、易洗快干等属性
	求廉动机	追求服装价格的低廉	精打细算，对产品外观、款式等要求较低	告知折扣力度，推荐折扣的服装
惠顾动机	求信动机	追求特定品牌的信誉、服务	产生重复购买和光顾行为	保持消费者的好感度和对品牌的信任度
	求便动机	追求购买的便利性	追求购买和售后过程省时、便捷	方便购买，提供快速的反应速度和服装搭配等
	偏爱动机	追求个人的偏好	对于某些品类或风格的服装产生持续性购买	按客户个人偏好，在客户日常维护中推荐此类产品

三、购买行为

购买行为作为一个过程，一般会经历五个阶段，引起需要、收集信息、比较评估、购买决策和购后评估（图2-93）。

图2-93　购买行为过程

（一）引起需要

需要是购买行为的起点，人的消费需要是由刺激所引起的。刺激分为内部刺激和外部刺激（表2-29）。

表 2-29　消费需要刺激类型

类别	内部刺激	外部刺激
来源	人体的内部驱动力	外界的触发诱因
零售要素	了解消费者的内在需要，进行产品推荐，如御寒需要、场合需要等	外在刺激影响消费者的内在需要，如采用不太讲究款式、流行程度等要素

（二）收集信息

当消费者确认某种需要后，就会有意识地去查找相关信息。消费者收集信息有商业来源、经验来源、大众来源和个人来源四种途径（表2-30）。

表 2-30　消费者信息渠道

类别	获取渠道	特征	功能
商业来源	广告、POP、商品展示与陈列、销售引导、宣传手册等	具有针对性和可靠性	引导
经验来源	自行使用、试穿产品的实际感受	最为可靠的依据	体验
大众来源	社会大众媒体发布的报纸、杂志、电视、新闻等	传播范围广	告知
个人来源	家庭成员、亲朋好友、邻居、同事和其他熟人获取信息	易信任、可接受	传播

（三）比较评估

比较评估是消费者对收集的有关待选购商品的信息进行分析、整理和对比的过程。在销售过程中，不同消费者有自己的偏好，因此评估商品的方法也不同。掌握消费者评估和选择的依据，了解消费者最关心的问题，对引发购买决策有重要作用（图2-94、表2-31）。

```
┌─────────┐    ┌─────────┐    ┌─────────┐    ┌─────────┐
│分析产品  │ →  │列出属   │ →  │品牌信   │ →  │形成理   │
│重要属性  │    │性等级   │    │念评估   │    │想产品   │
└─────────┘    └─────────┘    └─────────┘    └─────────┘
```

图2-94 比较评估

表 2-31 消费者比较评估因素

类别	表现形式	消费引导
分析产品重要属性	服装的质量、价格、款式、流行、面料、做工等因素，消费者购买的首要因素	熟悉产品要素
列出属性等级	对产品属性重要程度赋予权重大小，不同消费者对产品属性的重视程度和评估标准不同	提醒产品特色
品牌信念评估	根据商品属性权重和环境氛围，建立对品牌的形象认知	树立品牌差异
形成理想产品	对各品牌进行比较评估，形成品牌偏好和态度，形成购买意向	提升品牌黏度

（四）购买决策

消费者经过评估和判断后，形成对某种服装或品牌的偏好和购买意向。但购买决策不等于购买，在此过程中，如果受到某种不良因素的影响，消费者可能会放弃购买（表2-32）。

表 2-32 消费者购买决策不良因素

类别	表现形式	消费引导
他人态度	消费者的购买意图会受身边人的态度影响，变得增强或减弱	提供更详细的商品信息
意外情况	消费者的购买意向受到意外情况影响，如产品缺货、调货等情况	提供更多款式供选择

（五）购后评估

消费者购买商品后，通过服装的穿着、他人评价或消费购买的体验过程，来检验自己的购买决策，确定满意程度，作为再次购买决策的参考依据。如果对产品满意，将重复购买，并向他人推荐。如果对产品不满意，则会减少或避免再次购买，同时影响他人购买。因此，在销售过程中，应重视消费者的购后感受，加强售后服务，进一步改善消费者的购后评价，提高服装的适销度。

【任务实施】

（一）了解消费者的需要、购买动机和购买行为三者的关系

（1）了解消费需要、购买动机和购买行为。

（2）掌握消费者的需要、购买动机和购买行为三者关系。

（二）根据消费者的需要和动机进行消费引导

（1）识别消费者的物质需要和精神需要并进行销售引导。

（2）识别消费者的情感动机、理智动机和惠顾动机并进行销售引导。

（3）具体任务流程如下。

①准备阶段。了解消费者的需要和需要程度，完成消费者心理分析。

②实施阶段。引发需要，了解消费者需要，唤醒消费需要；提供信息，完成产品的陈列与展示、营造店铺氛围、积极引导销售；比较评估，掌握不同消费者评估和选择的依据，提供消费者需要的信息；购买决策，提供优质的服务，优化品牌形象，迅速处理意外情况。

③收尾阶段。重视消费者购后感受，加强售后服务。

（三）任务要求

（1）以小组形式完成任务，每组2~3人。

（2）任务实施符合企业职业规范。

【任务评价】

任务评价考核表如表2-33所示。

表2-33　任务评价考核表

评分任务	分值（总分100）	评分条件	评分要求（分值）	自评	教师评价
消费需要	30	了解消费者的需要和需要程度，做出相应的销售引导	1.能做出消费分析，并做出消费引导（30） 2.能做出消费分析，不能做出消费引导（15） 3.不能做出消费分析和消费引导（0）		
购买动机	30	1.能够分析确认消费者购买动机 2.能够根据消费者不同的表现动机做出相应的销售引导	每项分值15分，其中每项分值具体细化： 1.能准确完成相应任务（15） 2.能较好完成相应任务（12） 3.能基本完成相应任务（9） 4.完成任务效果欠佳（4.5） 5.不能完成相应任务（0）		
购买行为	30	1.了解消费者购买行为阶段 2.能够根据消费者不同的购买行为阶段做出相应的销售引导	每项分值15分，其中每项分值具体细化： 1.能准确完成相应任务（15） 2.能较好完成相应任务（12） 3.能基本完成相应任务（9） 4.完成任务效果欠佳（4.5） 5.不能完成相应任务（0）		

续表

评分 任务	分值 （总分100）	评分条件	评分要求（分值）	自评	教师 评价
素质 素养	10	1. 重视服务礼节和节奏把握 2. 对销售心理及过程有一定的经验积累 3. 保持阳光的销售态度	未完成一项扣3.5分，扣分不得超过10分		

【学习笔记】

【知识题库及答案】

（一）单选题

1.需要是指个体感到某种（ B ）而力求获取以商品形式存在的消费对象的欲望。

A.存在　　　　　　　B.缺乏　　　　　　　C.情感　　　　　　　D.满足

2.消费者追求名牌所反映的主要动机是（ A ）。

A.情感动机　　　　　　　　　　B.惠顾动机

C.理智动机　　　　　　　　　　D.情绪动机

3.消费者注重服装实穿性和性价比，不太讲究服装的款式和流行程度所反映的主要动机是（ C ）。

A.求廉动机　　　　　　　　　　B.求美动机

C.求实动机　　　　　　　　　　D.求信动机

4.（ C ）指消费者从社会大众媒体发布的报纸、杂志、电视、新闻等获得信息的来源方式。

A.商业来源　　　　　　　　　　B.个人来源

C.大众来源　　　　　　　　　　D.经验来源

5.（ A ）是消费者评价商品的首要问题。

A.产品属性　　　　　　　　　　B.品牌信念

C.属性权重　　　　　　　　　　D.广告宣传

（二）多选题

1.消费者心理包括（ ABC ）。

A.消费需要　　　　B.购买动机　　　　C.购买行为

2.消费者经过评估和判断后，形成某种服装或品牌的（ A ）或（ C ）。

A.偏好　　　　　　B.想象　　　　　　C.购买意向

3.惠顾动机分为（ ABC ）。

A.求便动机　　　　B.求信动机　　　　C.偏爱动机

4.影响消费者购买决策的不良因素主要有（ A ）和（ B ）。

A.他人态度　　　　B.意外情况　　　　C.情绪因素

（三）判断题

1.需要是现实要求的客观反映，人的行为是由动机支配的，而动机又是由人的需要引发的（ √ ）。

2.消费者的需要与动机成反比，即需要越强，动机越弱。（ × ）

3.人的消费需要刺激主要由内部刺激和外部刺激构成。（ √ ）

4.不同消费者对产品属性的重视程度和评估标准不同。（ √ ）

【操作技能题库】

1.调研一家自己熟悉的店铺，分析目标消费者的消费需要和购买动机，并思考面对不同消费者时，将采用哪种零售要素来促进销售，填入表2-34中。

表 2-34 消费者分析

顾客身份	店铺名称	购买原因 （消费需要）	选中产品原因 （购买动机）	零售要素

2. 对不同消费者的购买行为过程进行分析，引导消费者购买。

要求完成：分析需要、收集信息、比较评估、购买决策、购后评估。

任务3.3 产品销售

【思维导图】

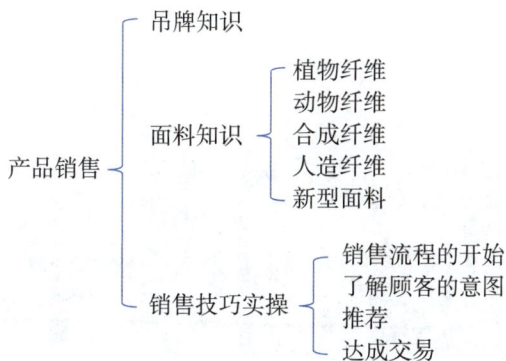

【任务导入】

（一）任务描述

某服装品牌店铺进行销售导购实操及销售技巧培训。店铺面积125平方米，相关信息如图2-95、图2-96所示，销售导购3~4人，货品数量和Sku数量以店铺实际款数为准。请根据店铺产品并利用销售技巧完成产品销售。

图2-95　店铺总览图

图2-96　男装货品色仓组合

（二）任务要求

（1）团队协作，每组3~4人。

（2）利用所学知识进行货品销售并开单成功。

（三）任务目标

1. 知识目标

（1）掌握商品的吊牌知识。

（2）了解商品面料知识。

（3）了解商品销售技巧。

2. 技能目标

（1）能通过吊牌解读款式。

（2）能区分商品的面料成分。

（3）能进行一对一的商品销售。

（四）素质目标

（1）培养主动学习精神。

（2）培养理性思维意识。

（3）具备良好的礼仪服务意识。

【知识学习】

一、吊牌知识

吊牌是一件衣服的身份证，包含了大量的产品信息，在销售衣服之前，我们可以通过提取吊牌产品信息，完成对服装的了解，并推荐给消费者（图2-97）。

（1）品牌：×××服装的品牌名。

（2）品名：设计师根据服装的特征给该款服装取的名字。

（3）款号：由阿拉伯数字和英文字母组成，表示该款的品牌、年份、季节、性别、品类和序号（图2-98）。

年份：表示这件货品的生产年份，如A代表2019年生产。

季节：按照四季和一个补充季来分类，春季A、夏季C、秋季E、冬季G。

性别：如1表示男士，2表示女士。

品类：货品的分类，如56表示领带，具体如表2-35所示。

流水号：设计师在设计衣服时给衣服的一个数字代号。

合格证

品牌：×××
品名：圆领短袖T恤
款号：GA144605E
颜色：黑白条
模块：6-1
标准：GB/ T22849—2014
安全技术类别：GB18401 B类
等级：合格品
检验员：检01
面料成分：棉100%
（相拼、绣花线除外）

6 941294 626344

内部码 GA144605E14948

检(1)合格

M	170/92A(M)

零售价	￥369.00

图2-97 某品牌吊牌

例如：GA156789E

2019秋季吊牌									
G	A	1	56	789	E	123	45		GA156789E
品牌	年份	性别	品类	流水号	季节	颜色	尺码		
L	A	2	56	789	E	123	45	B	LA256789E
品牌	年份	性别	品类	流水号	季节	颜色	尺码1	尺码2（罩杯）	

品牌		年份		季节	
G	GXG	A	2018	A	春
J	Jeans	M	2019	C	夏
K	Kids	B	2020	E	秋
Y	Yatlas	X	2021	G	冬
C	CU+CH	C	2022		
X	2XU	O	2023		
M	Movebain	D	2024		
L	LOVEMOR	P	2025		
		E	2026		
		N	2027		
		F	2028		

图2-98 款号字母组成形式

表 2-35　品类数字代号

品类	品名（原则：精简、清晰）				
[01]单西	休闲单西	斯文单西			
[02]裤（长裤）	直筒长裤	收身长裤	九分裤	落裆裤	阔腿裤
[03]衬衫（长袖）	立领长袖衬衫	长袖衬衫	中袖衬衫	免烫衬衫	
[05]牛仔（长裤）	直筒牛仔裤	修身牛仔裤	廓腿型牛仔裤	牛仔九分裤	
[06]短款大衣	短款大衣	连帽短款大衣			
[07]棉服	长款棉服	短款棉服			
[08]风衣	翻领风衣	立领风衣	连帽风衣	短款风衣	
[09]马甲					
[10]高领毛衫					
[11]羽绒服	长款羽绒服	短款羽绒服			
[12]皮衣					
[13]套西					
[14]套西西裤					
[20]毛衫	圆领毛衫	V领毛衫	一字领毛衫	连帽毛衫	
[21]夹克	棒球夹克	立领夹克	圆领夹克	翻领夹克	连帽夹克
[22]短裤	针织短裤	机织短裤			
[23]短袖衬衫	短袖衬衫				
[24]POLO衫					
[25]牛仔短裤	牛仔短裤				
[26]长款大衣	长款大衣	连帽长款大衣	廓型大衣	双面呢大衣	
[30]开襟毛衫	开襟毛衫	连帽开襟毛衫	长款开襟毛衫		
[31]卫衣	V领卫衣	开襟连帽卫衣	圆领卫衣	套头连帽卫衣	
[34]长袖针织T恤	圆领长袖T恤	高领长袖T恤	V领长袖T恤		
[44]短袖针织T恤	圆领短袖T恤	V领短袖T恤			
[50]鞋					
[51]包					
[52]皮带					
[53]围巾					
[54]帽子					
[55]手链					
[56]领带					
[57]徽章					
[58]项链					
[59]眼镜					
[60]袖扣					

（4）颜色：指产品的颜色。

（5）模块：设计师根据设计款的主题、颜色结合上货时间确定。

（6）标准：即这件产品质量认证和检验合格的标准，如FZ/T 81008—2011 是指执行2011年的标准，这件衣服是合格的。

（7）安全技术类别：按照国家标准检验，在服装标识上必须实行检测标注，否则按不合格产品查处。

A类：代表可直接接触皮肤，一般为高档内衣或婴幼儿用品。

B类：也可以直接接触皮肤，一般为衬衫、T恤类。

C类：不能直接接触皮肤，一般为外套类。

（8）面料成分：指由什么材质做的，其含量是多少。

（9）号型：号指人体的身高，型指胸围或腰围。

如170/92A，170表示身高170cm，92即胸围92cm，A指体型为一般型。

（10）内部码：共14位数字和英文字母组成，前9位是款号，10~12位是色号，13~14位是尺码。

色号由3位数字组成，如000—黑色、001—白色、002—灰色、003—米色、004—咖色、005—浅米色、006—棕色、007—深灰色、598—藏青色、600—蓝色、900—黑白条。

（11）价格：指衣服的吊牌价格。

二、面料知识

面料是用来制作服装的材料，作为服装三要素之一，面料不仅可以诠释服装的风格和特性，而且直接影响服装色彩、造型的表现效果。

面料成分可分为天然纤维、化学纤维两大类。其中，天然纤维包含植物纤维、动物纤维；化学纤维包含合成纤维、人造纤维。

（一）植物纤维

植物纤维是广泛分布在种子植物中的一种厚壁组织。它的细胞细长，两端尖锐，具有较厚的次生壁，壁上常有单纹孔，成熟时一般没有活的原生质体。植物纤维在植物体中主要起机械支持作用。常见的植物纤维有棉纤维和麻纤维。

（1）棉：棉纤维是由受精胚珠的表皮细胞经伸长、加厚而成的种子纤维。它的主要组成物质是纤维素。

优点：轻松保暖、柔和贴身、吸湿透气性甚佳。

缺点：易皱、易缩水、易变形、易褪色。

洗护方式：冷水反面清洗、忌长时间浸泡，衣服拉直阴干，避免暴晒，中低温熨烫。

注意事项：储存防湿防潮。

（2）麻：麻纤维指从各种麻类植物中取得的纤维，包括一年生或多年生草本双子叶植物、皮层的韧皮纤维和单子叶植物的叶纤维。

优点：吸湿性透气性好、光泽柔和、强度高、低静电、抗虫蛀。

缺点：弹性差、易起皱、易缩水。

洗护方式：不可长时间浸泡、忌用力揉搓及使用硬刷，不可拧干，有色品忌热水。

（二）动物纤维

动物纤维是从动物的毛或动物的腺分泌物中得到的纤维。从动物毛发得到的纤维有羊毛、兔毛、骆驼毛、山羊毛、牦牛绒等；从动物腺分泌物得到的纤维有蚕丝等。动物纤维的主要化学成分是蛋白质，故也称蛋白质纤维。

（1）丝：丝纤维是指由蚕等昆虫分泌出来的天然蛋白质纤维（图2-99）。

图2-99　蚕茧和蚕丝织物

优点：富有光泽、柔软有弹性、吸湿性好、垂感好、品质感好、冬暖夏凉。

缺点：易皱、易缩水、易贴身、易掉色、强度一般。

洗护方式：忌长时间浸泡、洗涤时忌用力揉搓忌使用硬刷、不可拧干、有色织物不要用热水泡。

注意事项：避免暴晒、收藏时不要放入樟脑丸、避免受压、注意防潮。

（2）毛：从动物的毛发提取的纤维。

优点：吸湿透气性好、光泽柔和、强度高、低静电、弹性好。

缺点：易起皱、易缩水、易虫蛀。

洗护方式：不可长时间浸泡、忌用力揉搓及使用硬刷、不可拧干、有色品忌用热水。

注意事项：避免暴晒。

（3）皮：皮纤维是指由羊、牛或猪等动物的皮来获得的天然蛋白质纤维。

优点：有弹性、抗风保暖、耐化学药剂。

缺点：易划伤、洗护要求高、拼片之间有色差。

洗护方式：忌热水、需专业护理、不可暴晒、储存时需悬挂。

注意事项：收藏时避免受压、忌塑料袋封存、注意防湿防潮防虫蛀。

（三）合成纤维

合成纤维是将人工合成的、具有适宜分子量并具有可溶（或可熔）性的线型聚合物，经纺丝成形和后处理而制得的化学纤维。

（1）涤纶：涤纶是三大合成纤维中工艺最简单的一种，是我国聚酯纤维商品的名称。

优点：易干、染色性佳、防霉、抗虫蛀、抗褶皱、垂感好、缩水率小。

缺点：吸湿透气性差、易起球。

洗护方式：可用各种洗涤剂洗涤、可轻拧绞、不可烘干，以免受热后起皱。

注意事项：避免暴晒、阴凉通风处晾干。

（2）锦纶：锦纶也称尼龙，是美国杰出的科学家卡罗瑟斯（Carothers）及其领导下的一个科研小组研制出来的，是世界上出现的第一种合成纤维。

优点：强度高、弹性好、质地轻、外观挺括、耐磨性好。

缺点：吸湿透气性差、易起静电、不耐光。

洗护方式：常温洗涤、不可暴晒、通风阴凉处阴干。

（3）腈纶：腈纶面料俗称人造毛，因为其织物具有类似羊毛织物的柔软、蓬松手感，而且色泽鲜艳，深受消费者喜爱。

优点：弹性好、蓬松柔软、像毛一样保暖。

缺点：吸湿透气性差、易起静电、易起球。

洗护方式：先用冷水浸泡、一般洗涤剂洗涤、水温不超45℃。

（4）氨纶：氨纶是聚氨酯类纤维，因其具有优异的弹力，故又名弹性纤维，在服装织物上得到了大量的应用，具有弹性高等特点。

优点：弹性好、耐寒性强、化学稳定性好。

缺点：吸湿透气性差。

洗护方式：轻机洗、选用可去静电的洗涤剂和柔顺剂。

（四）人造纤维

用某些天然高分子化合物或其衍生物做原料，经溶解后制成纺织溶液，然后纺制成纤维，竹子、木材、甘蔗渣、棉籽绒等都是制造人造纤维的原料。

（1）黏胶纤维：又称人造丝、黏胶长丝。

优点：有很好的吸湿性、透气性、光泽柔软、有丝绸感、手感滑爽、染色性佳且不易褪色。

缺点：手感重，弹性差、易皱、不挺括、不耐水洗、不耐磨、易起球、尺寸稳定性差、缩水率大。

洗护方式：随浸随洗、洗涤时间在15分钟内、中性洗涤剂或低碳洗涤剂、切忌拧绞。

注意事项：洗后忌暴晒、在通风阴凉处晾干，以免造成褪色和减少面料寿命。

（2）醋酯纤维：醋酯纤维是一种纤维形成物为纤维素醋酸酯的人造纤维。

优点：弹性好、耐寒性强、化学稳定性好。

缺点：吸湿透气性差。

洗护方式：轻机洗、选用可去静电的洗涤剂和柔顺剂。

注意事项：洗后不要暴晒、在通风处晾干。

（五）新型面料

新型面料包括TR涤纶人棉混纺、空气层面料、双面羊绒呢、麻棉平纹等。

三、销售技巧实操

销售的流程如表2-36所示。

表 2-36　销售流程表

步骤	销售的流程
1	开始 准备工作 问候，营造融洽气氛
2	了解顾客的意图 引起顾客的注意，激发顾客的兴趣 发现顾客的愿望、需求
3	推荐 推荐商品——FAB的销售陈述 处理顾客的问题与异议
4	达成交易 识别顾客购买信号，提出向顾客销售产品的请求 向顾客致谢

销售意味着什么？

顾客——"帮我们选到满意的商品""节约时间"……

公司——"提高公司美誉度"……

导购——能更好地为顾客服务。

（一）销售流程的开始

问候，营造融洽气氛。

微笑具有强大的感染力。

与顾客进行目光的接触。

用轻松的语言向顾客打招呼，如"欢迎光临""您好""下午好"。

不要一开始就紧逼顾客回答"您买什么？"之类的问题，以免顾客反感。应多说"需要帮忙吗?"等问题。如果顾客喜欢自己挑选，你可以说"请随便看，需要服务的话请告诉我"，保持一个友好而不刻板的姿态。

（二）了解顾客的意图

察言观色——望、闻、问、切。

观察顾客，获得许多一般性的信息。

启发性地提问，鼓励顾客谈话进而营造融洽的气氛。

倾听以了解顾客的意图和需求。

向顾客证实你获得的最初印象，不要想当然。

1. 顾客类型

（1）胸有成竹型。

表现：目光集中、脚步轻快；直奔某个商品，主动提出购买需求；购物较理性。

应对：热情、快捷，按照顾客要求去做；忌太多游说和建议。

（2）闲逛型。

表现：有的行走缓慢，谈笑风生；有的东张西望；有的犹犹豫豫，行为拘谨，徘徊观望；有的爱往热闹人多处去。

应对：给予适当空间，留意需求、及时帮助，可适当展示新品。

（3）一见钟情型。

表现：进店脚步一般不快，神情自若、环视店内商品，不急于表示购买要求。如遇喜欢、心仪已久的货品，会立即购买。

应对：注意接近顾客的时机，勿令其感觉不适；耐心、可用开放式问题了解顾客需求；根据需求介绍货品。

2. 顾客的性格类型

（1）理智型：重视有关商品的品牌、价格、工艺、款式，不急于购买、喜欢独立思考。

待客之道：强调货品的物有所值，详细、准确介绍货品优点。

（2）疑虑型：内向、行动谨慎、观察细微、决策迟缓。购买时犹豫不决，难以下决心。对导购的推荐缺乏信心，交易时间较长。

待客之道：耐心、细致了解顾客的需求。基于需求，给予建议。

（3）随意型：缺乏购买经验，希望得到导购的帮助。对商品无过多的挑剔。

待客之道：热情，关心同来的朋友、家人。

（4）习惯型：通常是有目的地购买，购买过程迅速。不易受外界因素，如广告、导购介绍影响。对流行产品、新产品反应冷漠。

待客之道：留意顾客需求，适时地做货品推荐。

（5）专家型：认为导购与顾客是对立的利益关系，有较强的自我保护意识，常以为自己的观念是绝对正确的，好为人师。

待客之道：专业的服务态度，尊重顾客及其观点，勿争辩。

（6）新潮型：追求时尚、潮流，装扮前卫、新潮，有个性、爱面子。

待客之道：介绍新产品及其与众不同之处，与其交换潮流信息。

（7）冲动型：购买决定易受外部因素的影响。购买目的不明显，常常是即兴购买。常凭个人直觉对商品的外观印象、导购热情推荐迅速做出购买决定。喜欢购买新产品和流行产品。

待客之道：留意顾客需求，适时地做货品推荐。

（三）推荐

1. FAB的销售陈述

以图2-100为例进行FAB销售陈述。

A：立体感明线设计、独特下摆设计，穿着舒适

F：水洗牛仔外套，面料柔软

B：经典工装简约风格，易搭配

图2-100　FAB销售陈述

（1）从观察中发掘客户的一般需求。

（2）从询问中发掘客户的特殊要求。

（3）介绍产品的特性（说明产品特点）。

（4）介绍产品的优点（说明功能及优点）。

（5）介绍产品的特殊利益（阐述产品能满足客户什么特殊需求）。

2. 处理顾客的问题与异议

异议是客户对导购在推销过程中的任何一个举动和语言的不赞同、提出质疑或拒绝。异议可以判断顾客是否有需要，了解顾客对介绍内容的接受程度。导购及时应变，可以对顾客更加了解。客户异议处理技巧有以下四种方法。

（1）忽视法。所谓"忽视法"，顾名思义，就是当客户提出一些反对意见，并不是真的想要获得解决或讨论时，这些意见和眼前的交易没有直接的关系，导购只要面带笑容地同意他就好了。

忽视法常使用的方法如：微笑点头，表示"同意"或表示"听您的话"。"您真幽默""嗯！真是高见！"等。

（2）补偿法。当客户提出的异议有事实依据时，导购应该承认并欣然接受，强力否认事实是不明智的举动。但记得，导购要给客户一些补偿，让他取得心理的平衡。

（3）询问法。透过询问，把握客户真正的异议点。

当导购问为什么的时候，客户必然会做出以下反应：他会回答自己提出反对意见的理由，说出自己内心的想法。他会再次地检视他提出的反对意见是否妥当。

（4）假设法。屡次正面反驳客户，会让客户很不愉快，就算导购说得都对，也没有恶意，还是会引起客户的反感。因此，导购最好不要开门见山地直接提出反对的意见。在表达不同意见时，尽量使用"是的，如果……"的句法，软化不同意见的口语。用"是的"同意客户部分的意见，用"如果"表达另外一种状况，是否这样会更好。

（四）达成交易

学会识别顾客的购买信号。

1. 语言信号

含莱卡到底有什么好处？

这颜色适合我吗？

除了这些，还有其他的颜色吗？

可以分开来卖吗？

你认为这件衣服应该搭配……

我到底应该买哪一件呢？

喜欢是喜欢，就是不知道下装应该配什么。

2. 身体语言信号

当客户细心研究产品时。

当客户频频点头，对你的解释或介绍表示同意时。

当客户不断地站在镜子前打量自己时。

当客户开始翻看吊牌时。

脸部表情的变化：张大的眼睛，开始微笑，微微跳动的眉毛等。

3. 试探成交

请求购买式：您觉得呢？/我帮您包好？

选择式：您确定买这件还是那件？

建议式：现在买有东西送/只剩下两件，不买恐怕没有了。

恐惧成交式：利用惜时心理法，创造紧迫感的成交法。

ABC成交式：在没有听到过多的消极回应或异议时使用。

4. 促使顾客形成购买决策的方法

不再向顾客介绍新的商品，帮助顾客缩小选择商品的范围，尽快帮助顾客确定他所喜爱的商品，再次集中介绍顾客关注的"商品卖点"。

【任务实施】

一、学习并熟知门店到货情况

二、商品的销售过程实操

（一）准备阶段

（1）分解任务，明确任务目标。

（2）提取店铺商品吊牌货品信息。

（3）掌握店铺商品面料性能。

（4）完成销售准备。

①了解商品销售的流程。

②完成顾客的进店准备与接待服务。

（二）实施阶段

（1）完成商品销售服务的整个过程。

（2）完成商品的买单与送客服务。

（三）任务要求

（1）以小组形式完成任务。

（2）任务实施符合企业职业规范。

【任务评价】

任务评价考核表如表2-37所示。

表 2-37　任务评价考核表

评分任务	分值 （总分100）	评分条件	评分要求	自评	教师评价
商品认知	10	1. 能掌握服装吊牌知识 2. 能掌握面料相关知识	未完成一项扣5分，扣分不得超过10分		
销售准备	30	1. 能准确提取吊牌货品信息 2. 能准确区分不同面料并描述其优缺点	未完成一项扣15分，扣分不得超过30分		
销售过程	30	1. 能准确掌握服装销售整体流程 2. 能快速判断和区分顾客类型	未完成一项扣15分，扣分不得超过30分		
销售买单与送客	20	1. 能准确识别顾客的购买信号 2. 能完成推荐购买，并处理顾客的问题与异议	未完成一项扣10分，扣分不得超过20分		

评分任务	分值 （总分100）	评分条件	评分要求	自评	教师 评价
素质素养	10	具有正确的劳动观和良好的劳动习惯，理性分析问题、解决问题的能力	结合任务实施给分，扣分不得超过10分		

【学习笔记】

【知识题库及答案】

（一）选择题

1.服装吊牌上有哪些信息：（ ABCD ）。

A. 品牌　　　　　　B. 货号　　　　　　C. 面料成分　　　　　　D. 号型

2.顾客类型有哪几种：（ ABC ）。

A. 闲逛型　　　　　　B. 一见钟情型　　　　　　C. 胸有成竹型

3.商品FAB指的是：（ ABC ）。

A. Feature　　　　　　B. Advantage　　　　　　C. Benefit　　　　　　D. Beautiful

（二）判断题

1.销售流程由开始准备、了解顾客、推荐、达成交易四部分组成。（ √ ）

2.初步了解顾客的需求可以通过询问的方法。（ × ）

3.服装面料可分为天然纤维、化学纤维两大类。（ √ ）

4. 试探型成交有请求购买式、选择式、建议式、恐惧成交式、ABC成交式。（√）

5. 顾客的性格类型有理智型、专家型、新潮型、冲动型四种。（×）

（三）填空题（请指出以下产品FAB）

1. 这款马甲是双面设计，两面颜色不同，一面是比较亮丽的颜色，另一面是比较沉稳的颜色（ F ），一件马甲可以当成两件穿，可以和大多数颜色的衣服配套（ A ），穿出不同效果，很划算的（ B ）。

2. 这款鞋子是拱形设计（ F ），在运动中可以起到减震作用（ A ），所以长时间穿着，都会保持舒适，并且可以起到保护脚的作用（ B ）。

【操作技能题库】

（一）分组讨论

1. 3人一组。

2. 请大家把平时最常见的5条顾客异议写在纸上。

3. 小组讨论如何解决这些异议。

4. 每组派一名代表阐述本组观点。

（二）分组演练试探成交的销售技巧

1. 3人一组。

2. 设置销售场景。

3. 分角色扮演导购、顾客等。

4. 根据顾客常见的异议，设计脚本。

5. 演练销售过程，并完成成交。

任务3.4 产品售后服务

【思维导图】

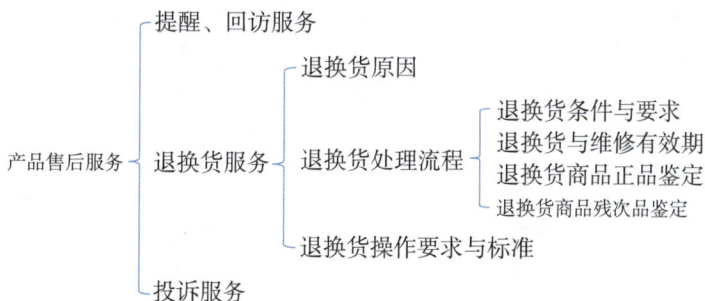

【任务导入】

　　某品牌旗舰店在营业时间有顾客来店反映之前购买的男装有质量问题，要求退换货。店员需要根据实际情况接待该顾客，并完成售出产品质量问题的鉴定，根据鉴定情况完成退换货服务流程。

（一）知识目标

　　（1）了解售出产品质量问题的基本类型。
　　（2）了解产品退换货服务流程。
　　（3）了解顾客产生投诉与纠纷的原因。

（二）技能目标

　　（1）能鉴定产品质量问题。
　　（2）能完成产品退换货的服务流程。
　　（3）能处理顾客投诉与纠纷。

（三）素质目标

　　（1）培养主动学习精神。
　　（2）培养理性思维意识。
　　（3）秉持实事求是的职业道德。

【知识学习】

　　产品售后服务是指店铺向已购买商品的顾客所提供的相关服务，它是商品质量的延伸，也是对相关购买服务的延伸和顾客感情的延伸。产品售后服务主要可分为提醒、回访服务，退换货服务和投诉服务。其中退换货服务是售后服务的核心内容。

一、提醒、回访服务

　　货品售出后，店员应及时对顾客说明成分标签上的面料成分和质地特性，并告知商品洗涤和穿着方法。对于某些质地只能水洗或只能干洗的服装，必须特别说明，而且要写在发票上，这样做一方面会带给顾客一种受到周到服务的良好感觉，同时也尽量减少由于顾客的穿着洗涤方式不当所产生的产品质量抱怨与投诉。提醒服务可以与收银与打包服务结合起来。

　　对购物的顾客做特定电话回访。回访的内容为意见（商品、服务质量及使用情形）回馈，可再次告知顾客衣物的保养常识等，让顾客感受品牌给予的重视及期待顾客再次光顾的心愿。

　　打包服务可以用三个动作概括：一检查、二提醒、三收款。

　　检查：检查商品件数，是否有质量问题，尺码颜色对不对。

提醒：提醒特殊面料洗涤注意事项，提醒退换货时间规定，提醒穿着注意事项。

收款：确认件数、折扣、具体金额后收款。

二、退换货服务

（一）退换货原因

货品售出后，顾客退换货的原因归纳起来常有以下四种。

（1）尺码不合身。

（2）重复购买。

（3）商品有质量问题。

（4）商品价格不合理。

（二）退换货处理流程

1. 退换货条件与要求

对于要求退货的顾客，应先建议其更换相同或等值商品，尽可能避免退货还钱的情况发生。若顾客坚持要退货还钱，则需符合以下条件。

（1）需有原始购物凭证（货品吊牌、发票）。

（2）商品不是人为造成破损，或是穿戴、洗涤不当引发破损褪色等。

（3）在退货有效期内。

2. 退换货与维修有效期

对于退换货的商品，售后服务人员必须确认该商品是否在退换货与维修有效期内。服装和服饰产品的退换货和维修有效期如下。

（1）退货。所有商品从购物之日起7天内出现任何质量问题，凭销售凭证可无条件进行退货。

（2）换货。所有商品从购物之日起，在商品未经穿着、吊牌齐全、不影响店铺二次销售情况下15天内出现产品质量问题，凭销售凭证可无条件换货，如无同款、同号产品，顾客要求退货的，可酌情给予处理。

（3）维修。所有商品从购物之日起，正常穿着情况下，销售季节内出现可修复的产品质量问题可免费为顾客进行维修，具体维修方案以当时与售后的沟通为准。

3. 退换货商品正品鉴定

在退换货的服务流程中，确定商品的有效期后，正品的鉴定也是必不可少的环节。任何商品在使用过程中，均存在正常损耗，店铺在处理客户投诉过程中，应仔细判别此货品是否为店铺正常售出的正品。判别方法如下。

（1）是否正常出具近期购买的购物小票。

（2）水洗唛的材质和压线工艺是否和店内其他货品一致。

（3）吊牌纸板材质是否和店内其他商品一致。

确认是本品牌正常售出货品后，再处理商品售后问题。

在对商品质量的鉴别中，商品在三包期范围内出现的因商品本身的"质量问题"造成的问题，均属质量问题。过度磨损通常通过实物可以直接判别，在商品的使用过程中这类问题属正常人为穿着造成，不在质量范围之列。

需要说明，以上"三包"内容是依据商品类别而定的常规规定，如当地质监局对某些商品有明确的相关规定，均按当地质监局的要求来处理质量投诉。因商品的质量问题造成的换货，店铺不可另行收取消费者的任何费用。

4.退换货商品残次品鉴定

在确定商品为本店出售的正品后，对退换货商品的残次品鉴定是非常重要的环节。残次品分为质量缺陷因素残次品和人为因素残次品。

质量缺陷因素残次品：任何因公司在生产过程中处理不当造成的残次品及因面料工艺问题导致的残次品。

人为因素残次品：任何因消费者对商品处理不当，人为所导致的残次品，如刀痕、划破、笔印、染色、洗涤不当等。

质量问题残次品的划分如表2-38所示。

表2-38　质量问题残次品划分表

序号	服装类	配饰类
1	缝严重歪斜（袖缝歪斜、衣侧缝歪斜等）	同款鞋子号码、大小不一或顺脚
2	拉链损坏、纽扣掉落	鞋底断层、开裂
3	商标缺失或错误商标	表面有明显污渍
4	未穿用过的服装开线、跳线、断线	开线、开胶
5	缝纫尺寸长短、宽度不一，超过外观标准要求	同款鞋子鞋底结构不一，底、帮面颜色不一且有明显色差
6	单件服装有色差、褪色，同件服装拼色间沾色	鞋、包内有钉或其他尖锐物品
7	缝线明显歪曲、细针距明显	鞋、包、项链等表面断裂
8	羽绒服严重钻绒（非线迹处）、缩水严重	—
9	未穿用过的服装有机油污渍	—
10	未穿用过的服装有破洞	—

需要说明，公司接受因商品质量缺陷因素所造成的各种问题的残次品。"三包"规定期限内，正常穿用出现的产品质量问题，可鉴定为残次品。人为因素所造成的各种问题，公司一律不予退仓。可进行维修的商品，应进行维修，不可维修的商品，将归还店铺。

（三）退换货操作要求与标准

（1）所有退货必须经公司批准同意后才可以操作退款。

（2）换货操作流程。第一步，在POS平台按换货流程先做换货单；第二步，换出的衣服在POS平台按销售流程做销售单。

（3）特别处理事宜。

①因商品质量问题，导致货品经二次维修后，相同面料或部位第三次出现相同质量问题，顾客要求退换货的，可给予退换货处理。

②经换货后的商品，"三包"期应从换货之日起重新计算。

③经换货的商品也按"三包"内容享受退换货服务。

（4）退货服务标准。

①接待退换商品的顾客，要像对待购买商品的顾客一样热情，保持微笑。

②无论顾客态度如何，都要坚持以礼相让原则，说话和气，耐心解释。

③礼貌地请顾客出示收据并检查顾客带回的货品状况。

④对新取的货品，应请顾客试穿或检查质量。

⑤解决问题及时，不推诿或拖延。

⑥超越权限的事，交主管处理。

三、投诉服务

（1）当接到顾客有关产品质量方面的投诉时，应先查看产品出现的质量问题是否在可维修范围，先征得顾客同意，免费进行维修，如顾客不同意维修，该商品在退换货范围内，且商品不影响二次销售情况下，可以根据顾客要求进行退换处理，如在维修范围内，应向顾客耐心解释，尽量维修。

（2）接待顾客投诉的人员，如遇无法判断的问题，应请示店长或公司相应售后人员，在以上人员均无法联系的情况下，应详细记录投诉信息（包括顾客姓名、联系电话、地址、购买日期、问题描述等信息），并与顾客协商，将商品留下，并明确告知顾客情况及具体回复日期。且应在承诺期内，给顾客以答复。

（3）在就商品是否有质量问题与顾客发生争执时，请先安抚顾客，并与顾客协商，将商品按维修流程做维修，将维修卡寄至公司进行售后判定，如公司判定结果为非质量问题，店铺可售后沟通，由公司出具相应质检报告给顾客。

【任务实施】

根据门店实际情况，完成商品的退换货服务流程。

（一）准备阶段

（1）分解任务，明确任务目标。

（2）完成退换货服务的准备工作。

①了解商品退换货服务的相关流程。

②了解商品退换货服务的操作要求。

（3）完成要求退换货的顾客的接待服务。

（二）实施阶段

（1）完成退换货商品正品鉴定。

（2）完成退换货与维修的有效期的确认。

（3）完成退换货商品质量"三包"与残次品的鉴定鉴别。

（4）完成退换货操作。

（三）任务要求

（1）以小组形式完成任务，每组2~3人。

（2）任务实施符合企业职业规范。

【任务评价】

任务评价考核表如表2-39所示。

表 2-39　任务评价考核表

评分任务	分值（总分100）	评分条件	评分要求	自评	教师评价
有效期确认	10	1. 能掌握服装和服饰产品的退换货有效期 2 能掌握服装和服饰产品的维修有效期	未完成一项扣5分，扣分不得超过10分		
正品鉴定	24	1. 能判断是否为正常出具近期购买的购物小票 2. 能判断水洗唛的材质和压线工艺是否和店内其他货品一致 3. 能判断吊牌纸板材质是否和店内其他商品一致	未完成一项扣8分，扣分不得超过24分		
残次品鉴别	26	1. 能鉴别质量缺陷因素的残次 2. 能鉴别人为缺陷因素的残次	未完成一项扣13分，扣分不得超过26分		
退换货操作	30	1. 能准确完成换货操作流程 2. 能严格执行退换货服务标准 3. 了解相关特别处理事宜	未完成一项扣10分，扣分不得超过30分		
素质素养	10	具有正确的劳动观和良好的劳动习惯，专业能力强	结合任务实施给分，扣分不得超过10分		

【学习笔记】

【知识题库及答案】

（一）多选题

1.货品售出后，顾客退换货的原因归纳起来常有（ ABCD ）几种。

A.尺码不合身 B.重复购买

C.商品有质量问题 D.商品价格不合理

2.顾客如果在售后要求退货，需要满足以下哪些条件？（ ABC ）

A. 需有原始购物凭证（发票）

B. 商品没有损失，没有洗涤，没有多次穿戴

C. 在退货有效期内

D. 想退就可以

3. 在退换货服务中，判断该商品是否为本店售出的正品，需要满足以下哪些条件？（ABC）

A. 是否正常出具近期购买的购物小票

B. 水洗唛的材质和压线工艺是否和店内其他货品一致

C. 吊牌纸板材质是否和店内其他商品一致

D. 与本店铺的商品同款

（二）判断题

1. "三包"规定期限内，正常穿用出现的产品质量问题，不可给予残次。（×）

2. 过度磨损通常通过实物可以直接判别，在商品的使用过程中这类问题属正常人为穿着造成，也在质保范围之列。（×）

3. 对于要求退货的顾客，应尽量建议其更换相同或等值商品，尽可能避免退货还钱的情况发生。（√）

4. 经换货后的商品，"三包"期应从换货之日起重新计算。（√）

5. 任何因公司在生产过程中处理不当造成的次品及因面料工艺问题导致的残次都应该被视为残次品，应给予退换货服务。（√）

6. 因商品的质量问题造成的换货，店铺可另行收取消费者一定的费用。（×）

【操作技能题库】

1. 鉴别服装残次是质量缺陷因素残次还是人为因素残次，并指出具体残次部位与问题。

2. 在POS平台完成退换货流程操作。

任务3.5　销售表单处理

【思维导图】

【任务导入】

（一）任务描述

某品牌旗舰店全天营业结束，请采集店铺销售系统中的相关数据，处理完成店铺与个人当天相关销售指标与数据。

（二）任务要求

（1）独立完成当天店铺销售数据处理。
（2）利用办公软件完成数据处理。

（三）任务目标

1. 知识目标
（1）了解店铺关键销售数据指标的含义。
（2）了解个人销售业绩数据的统计方法。
2. 技能目标
（1）能统计并处理店铺当天销售数据。
（2）能统计并处理个人销售业绩数据。
3. 素质目标
（1）独立、主动学习，严谨细致的工作精神。
（2）严守企业信息，秉持良好的职业道德。

【知识学习】

对服装店铺销售数据和表单进行处理分析是研究服装市场营销规律、制订订货、补货、促销计划调整经营措施的基本依据，也是门店对员工绩效进行考核的重要依据。

它有助于服装品牌和店铺克服经验营销导致的局限性和对经验营销的过度依赖性，形成科学营销的新理念，提升品牌和店铺的市场认识能力、市场理解能力和市场适应能力。

门店的数据和表单包括门店销售数据与员工个人销售业绩数据两部分。

一、门店销售数据

1. 销售指标
销售指标主要包括每日销售目标、每日销售情况、每日销售完成情况、每月销售目标、每月销售情况、每月销售完成情况，以及与去年同期的对比情况。
2. 竞品销售业绩
同领域竞争的目标品牌，主要指核心商品、客户、服务都基本相同的品牌的主要业绩情况。

3. 坪效

坪效指终端店铺每平方米的效率，即每平方米面积上产生的销售额。一般作为评估店铺实力的一个重要标准。

坪效=销售业绩/店铺面积。日均坪效指日均单位面积销售额，即日均坪效=日均销售金额/门店营业面积。"月均坪效"指月均单位面积销售额，即月均坪效=月均销售额/门店营业面积。

二、员工个人销售数据

1. 个人销售业绩

个人销售业绩包含两部分，一部分为分时段个人销售业绩，另一部分为每月个人销售业绩。当下，不少服装品牌店铺还会加入大单，缔造个性化的个人销售业绩数据。

2. 客单价

客单价就是平均单票销售额，是个人销售业绩的最重要影响因素之一，即日客单价=日销售金额/总单数。

3. 连带率

销售总数量除以销售小票数量得出的比值被称为连带率，即连带率=销售总数量/销售小票数量。

个人销售连带率=个人销售总数量/个人销售小票数量。

如表2-40所示是某知名男装品牌每日统计样表（＊为必填）。

表2-40　某知名男装品牌统计样表

日期*	2022.×.××				
店仓号	1010122				
店铺	天一旗舰店				
活动内容	fv原价 冬6折 春两件8折需含卫衣或夹克				
日目标	40000元		竞品	业绩	占比
老客邀约			lee		
日合计*			太平鸟		
日完成率*			GR		
吊牌价*			JK		
折扣*					
件数*					
票数*					
附加*					
货单					

续表

客单			大单缔造		
月目标			姓名	金额	件数
月完成*					
老客邀约累计					
月完成率					
月同期*					
月同比					
今年累计*					
去年累计*					
年同比					
员工姓名	日达成*	月达成*	月目标	月完成率	还差
员工1					
员工2					
员工3					
员工4					
B组					
员工1					
员工2					
员工3					
员工4					
员工5					
员工6					
A组					

【任务实施】

（一）任务准备

（1）分解任务，明确任务目标。
（2）完成销售表单处理的前期准备工作。

（二）实施阶段

（1）当天店铺结束营业后采集当天销售数据。
（2）将数据分类填入每日统计表。
（3）完成当月相关数据的统计。

【任务评价】

任务评价考核表如表2-41所示。

表2-41　任务评价考核表

评分任务	分值（总分100）	评分条件	评分要求	自评	教师评价
当天销售数据采集	20	1. 能收集当天销售数据 2. 能完整处理并录入当天销售数据	未完成一项扣10分，扣分不得超过20分		
销售数据分类	30	1. 能掌握门店销售数据的主要类型 2. 能掌握个人销售数据的主要类型	未完成一项扣15分，扣分不得超过30分		
分类数据填入每日统计表	40	1. 能正确掌握各类分类数据的主要构成与计算方法 2. 能正确掌握门店每日统计表的构成与含义 3. 能熟练操作电脑完成每日统计表	未完成一项扣13分，扣分不得超过40分		
素质评价	10	1. 细致的数据采集能力 2. 严谨的表单录入与统计能力	未完成一项扣5分，扣分不得超过10分		

【学习笔记】

【知识题库及答案】

（一）多选题

1.下列数据指标中，属于门店销售数据的有（ ABCD ）。

A. 每日销售指标   B. 坪效

C. 竞品销售业绩   D. 每日销售完成情况

2.下列数据指标中，属于个人销售数据的有（ ABC ）。

A. 个人销售业绩   B. 客单价

C. 连带率   D. 每日销售完成情况

（二）判断题

1. 坪效是指终端卖场每平方米的效率，即每平方米面积上产生的销售额，一般是作为评估卖场实力的一个重要指标。（ √ ）

2. 坪效=销售业绩/店铺面积。（ √ ）

3. 客单价就是顾客在店购买的总金额，是个人销售业绩的重要影响因素之一。（ × ）

4. 个人销售连带率=个人销售总数量/个人销售小票数量。（ √ ）

5. 客单价就是平均单票销售额，是个人销售业绩的重要影响因素之一，可以简单地理解为日客单价=日销售金额/单票销售额。（ × ）

【操作技能题库】

选择一家品牌服装店铺，结束营业后采集当天销售数据，并将数据分类填入每日统计样表中（具体表单见表2-40）。

工作领域三　店铺基础陈列

任务 1 店铺货品陈列

任务1.1 店铺基础陈列道具认知

【**思维导图**】

【**任务导入**】

陈列培训导师让刚入职的小张根据陈列标准手册，熟悉陈列道具，并帮忙给中岛人形模特换服装，把人形模特放置中岛货架旁边。陈列培训导师告诉小张，只有了解陈列道具，才能更好地执行陈列。

（一）知识目标

了解店铺基础道具的组成及使用方法。

（二）技能目标

能根据实际的陈列需求，选择、使用合适的陈列道具。

（三）素质目标

（1）具有维护道具、服装的意识。
（2）培养自主探究的学习精神。

【**知识学习**】

道具是用于塑造和表现品牌视觉形象、传达品牌文化理念，又能配合商品做合理、科学、艺术而生动的陈列展示的各种器具、物品、材料等一系列表达用具。

道具在服装卖场中的作用是：
（1）组织空间排列、围护区域。
（2）引导指示购物。

（3）置放和陈列服装商品。

（4）展示宣传品牌风格特点。

根据功能不同，道具可分为承载类道具和装饰类道具。承载类道具包括展台、展架、展柜、人形模特等大部分被卖场用于支撑、储藏、吊挂货品的道具类型。装饰类道具指的是在卖场里面常用来营造某种特殊氛围或风格、较注重艺术性表达的道具类型。

一、承载类道具

（一）货架/柜道具

在卖场陈列中，货架/柜主要用于存储、展示服饰商品，在空间上具有组织排列、围护区域的功能，是构成卖场陈列空间和形成卖场风格品位的最基本要素。又可分为边场货架/柜、中岛货架/柜和辅助货架/柜。

1. 边场货架/柜

边场货架/柜一般都是背墙而立，高度通常为2~3m，其优点是货架/柜的一体化让人感觉比较协调，在边场货架/柜上合理科学设置重点陈列，能有效引导客流走完整个卖场。因为制作工艺、结构、功能等的不同，边场货架/柜被称为壁柜、板墙、仓位、高架、衬衫柜等（图3-1、图3-2）。

图3-1　壁柜

图3-2　板墙

2. 中岛货架/柜

中岛货架/柜相对边场货架/柜来讲，一般位于卖场中心位置，中岛货架/柜可以有效地利用卖场空间，高度一般为1.35m左右，对客流有进行分流和指向性作用（图3-3）。其中进店入口处的第一个视觉中岛，因为其视线的优先性，货架/柜上所陈列的商品一般为卖场的新品或主推商品，因此有时会承担起橱窗的功能。中岛货架/柜也包括中岛陈列桌（图3-4）、流水台、饰品柜等。其中，两个或两个以上的子母式陈列桌组合也被称为流水台，两个以上陈列桌/台组合由大到小，一个套一个的排列，可变化性比较强（图3-5）。

图3-3　中岛货柜

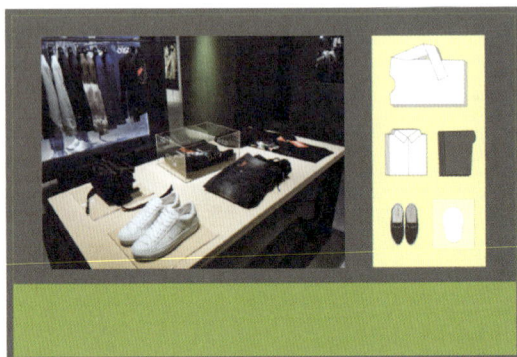

图3-4　单个展示台陈列

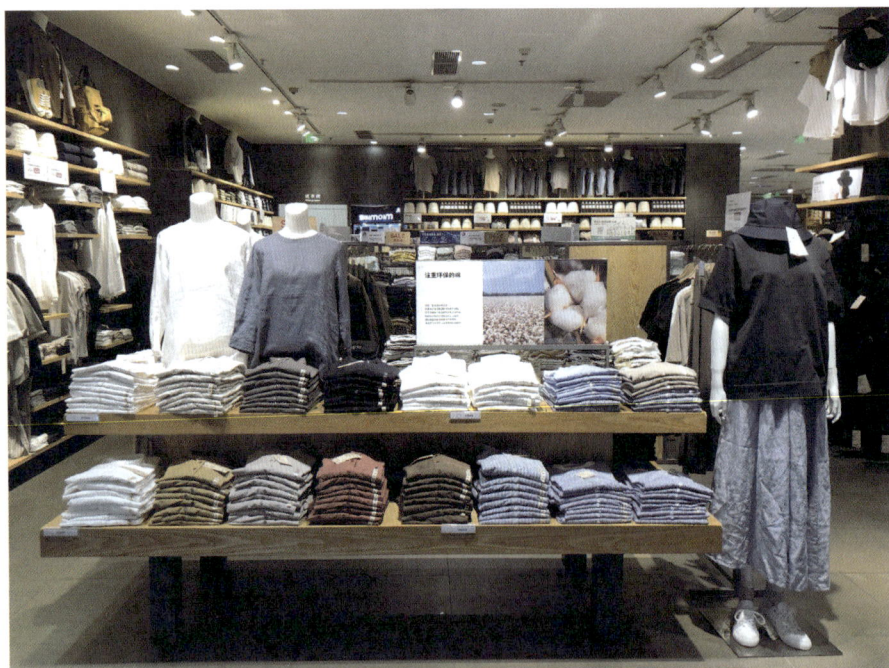

图3-5　子母式流水台

中岛货架/柜的展示形式包括情景氛围展示和推荐商品展示。情景氛围展示指通过道具、人形模特的组合使用，营造出画面感的场景，视觉冲击力强，容易引起顾客的注意。推荐商品展示指以畅销商品为主体的展现形式，促销信息传达明确。中岛货架/柜具体功能如表3-1所示。

表 3-1 中岛货架/柜作用

功能	手段
品牌推广：提高品牌的知名度	通常放在卖场入口处和店内的明显位置
视觉吸引与传达：品牌信息传达、吸引顾客	1. 营造情境氛围，体现产品附加值，吸引消费者 2. 陈列台或流水台上陈列展示不同的、可搭配的销售产品，促进连带销售
商品展示：吸引顾客、让顾客直观感受商品、展示商品的功能性	
客流动向引导：既有陈列商品的作用，又有动线引导作用，打造卖场不同的视觉焦点	1. 组织空间排列、围护区域，制造顾客流动空间 2. 陈列台或流水台不宜太低，一般在100cm左右的高度

3. 辅助货架/柜

为了有效地利用卖场的空间，还可以用一些辅助货架。辅助货架的运用可以增加卖场空间的坪效，配合卖场整体陈列使用，还能增加层次感、装饰性，起到画龙点睛的作用。常见的辅助货架有"T型架"——形状像英文字母T、"龙门架"——形状像门框、"风车架"——平面看上去像风车造型、"双杠架"——形状像运动器械双杠造型以及鞋架、包架、领带架、饰品架等（图3-6）。

图3-6 固定龙门架

（二）人形模特道具

人形模特道具是最常见的道具，一般都放在橱窗或卖场显眼位置，出样的服装通常是本季重点推荐或能体现品牌风格的服装（图3-7）。

图3-7　人形模特陈列

根据姿态、式样或材质等的不同，服装人形模特可分为有头部和无头部，半身和全身，站姿、坐姿、卧姿，男模、女模、童模，腿模、头模、手模等类别。服饰卖场为了方便更换人形模特所穿服饰，最常用的是手臂、手、腿、腰部等部位能拆卸组装的人形模特。有的人形模特是可以按照服装着装后的造型调整手臂和手的姿势，但是大部分服装人形模特只能展示一种静态姿势。因此，服装陈列师要想取得理想的视觉演示效果，就必须按照服装的风格、产品的定位，卖场演示空间的大小准备几个不同姿态的人形模特，才能取得良好的展示效果。

1. 人形模特肢体结构

常见的人形模特包括躯干、头部、底座和手臂几个部分。头部固定在躯干上，躯干底部通过与腿部相匹配的凹槽连接在一起，腿组件的上方有一个楔子，可以将人形模特固定在底座上，保持人形模特重心稳定。手臂上端与躯干之间装有特制的连接卡条，既能将二者相连，也可以转动胳膊，并停留在不同的角度以展示特定的姿势。

2. 人形模特着装方法及规则

为防止由于多次穿脱，造成人形模特磨损及降低穿衣效率，在给人形模特穿衣服前应明确安装的程序及目的。

首先，做好准备工作。将人形模特的双手、双臂、躯干等一一拆卸，放置于安全的地方。

其次，穿下装。给人形模特穿衣服要遵循先穿下装后穿上装的原则。穿裤子时，如果人形模特腿部动态幅度较大，需要将大腿与躯干处拆卸后再穿上裤装，最后将脚穿过裤脚筒处与底座连接。

再次，穿上装。穿上装或者连衣裙前应保证手臂处于已经卸下的状态，上装套进躯干后，再将卸下的手臂顺着上衣的袖窿装进去，切忌将手臂直接从袖口处穿入，这样容易破坏服装的面料和板型。

最后，调整手臂的动态姿势。

将服装及配饰品穿戴完整后，陈列师应站在远处观察整体效果，检查整体动态是否协调，配饰是否和谐，服装是否有褶皱，吊牌是否外露等细节。

二、装饰类道具

装饰类道具包括服饰品道具和环境装饰道具。装饰类道具在服装卖场设计中是必不可少的元素之一，在服装卖场设计中运用的主要有以下几种效果。

（1）营造出与服装风格相关联的空间环境，凸显服装的风格与品位。

（2）加强视觉冲击力，传达服装品牌的文化和理念。

（3）烘托气氛，引导消费潮流。通过装饰类道具来烘托节日、庆典的气氛，满足人们的各种心理需求。

（4）传递季节的变化，增加趣味性。

【任务实施】

根据图3-8，识别卖场内的陈列器具，并给人形模特着装。

图3-8 服装卖场陈列效果图

（一）准备阶段

分解任务，明确任务目标。

（二）实施阶段

（1）提取卖场陈列道具。

（2）解读陈列标准手册，辨析陈列器具使用方法。

（3）根据陈列标准手册人形模特使用规范，给人形模特换装。

要求：陈列器架使用说明准确。人形模特着装符合人形模特陈列规范。

（三）任务要求

（1）以小组形式完成任务，每组3~4人。

（2）任务实施符合企业职业规范。

【任务评价】

任务评价考核表如表3-2所示。

表 3-2　任务评价考核表

评分任务	分值 （总分100）	评分条件	评分要求	自评	教师 评价
道具使用说明	40	1.能描述道具名称 2.能描述道具应用方法和作用	未完成一项扣20分，扣分 不得超过40分		
人形模特着装	50	1.能正确组装人形模特 2.能正确着装	未完成一项扣25分，扣分 不得超过50分		
素质素养	10	1.保持道具清洁、卫生 2.保持人形模特完好 3.保持服装清洁、完好	未完成一项扣3.5分，扣分 不得超过10分		

【学习笔记】

【知识题库及答案】

（一）单选题

1. 货柜/架是展示、销售物品（ D ）的陈列道具。

A. 最简单和使用量最大　　　　　　　　B. 最复杂和使用量最大

C. 最常用和使用量最少　　　　　　　　D. 最常用和使用量最大

2. 人形模特有良好的肢体形态，是展示陈列（ C ）的最佳道具。

A. 广告　　　　　B. 商品　　　　　C. 服装　　　　　D. 实物

3. 辅助货架主要有（ A ）形架，龙门架、风车架、双杠架等形式。

A. T　　　　　　B. L　　　　　　C. V　　　　　　D. Z

4. 流水台不宜太低，一般在（ C ）左右的高度，顾客如果需要弯腰甚至蹲下的话，用户体验就会不好。

A. 120cm　　　　B. 90cm　　　　　C. 100cm

5. （ A ）是流水台上很重要的陈列道具之一，具有极强的指引分类能力，同时也可以迅速给消费者传递近期的卖场活动。

A. POP　　　　　B. 人形模特　　　　C. 陈列桌

（二）多选题

1. 服装人形模特有很多类型、姿态式样与材质，常用的有（ ABCDE ）。

A. 有头部和无头部　　　　　　　　　　B. 半身和全身

C. 站姿、坐姿、卧姿　　　　　　　　　D. 男模、女模、童模

E. 腿模、头模、手模

2. 流水台具有（ ABCD ）等功能。

A. 品牌推广　　　　　　　　　　　　　B. 客流动向引导

C. 视觉吸引与传达　　　　　　　　　　D. 产品展示

3. 道具在服装卖场中作用有（ ABCD ）。

A. 组织空间排列、围护区域　　　　　　B. 引导指示购物

C. 置放和陈列服装商品　　　　　　　　D. 展示宣传品牌风格特点

4. 服装卖场中的货架主要可以分为（ ABC ）。

A. 边场货架/柜　　　　　　　　　　　　B. 中岛货架/柜

C. 辅助货架　　　　　　　　　　　　　D. 鞋架

（三）判断题

1. 人形模特出样的位置一般都放在橱窗或店铺显眼位置，出样的服装通常是单价最高的服装。（×）

2. 高柜（壁柜）是服装卖场中最常见的基础设施，它一般是背墙而立，分成多个窗格和货架，多用于叠装、挂装、人形模特的组合展示。（√）

3. 货架是服装卖场中展示商品最多的器具之一，主要用于商品的正挂展示。（×）

4. 流水台通常放置在卖场入口处或卖场内视线聚焦的区域，与橱窗有呼应的效果。（√）

5. 流水台情景氛围展示是以畅销商品为主体的展现形式，主推商品明确，促销信息传达

明确。（×）

6. 人形模特的着装方法和顺序为：首先做好准备工作，其次穿上装，接着穿下装，最后做手臂的调整。（×）

7. 服装卖场中的装饰类道具包括服饰品道具和环境装饰道具。（√）

【操作技能题库】

1. 调研一家自己熟悉的店铺，绘制该店铺平面图，说明该店铺陈列道具的使用情况和作用，具体要求如下。

（1）标注店铺长、宽空间尺寸。

（2）说明店铺道具（承载类道具及装饰类道具）使用情况和作用，上交格式：JPG。

2. 给站姿/坐姿人形模特着装，具体要求如下。

（1）人形模特安装程序准确。

（2）服装搭配协调。

（3）人形模特无损坏。

3. 辨析图3-9中两种服饰风格，尝试搜集相应承载类道具和装饰类道具各5件。

要求：道具选择契合服饰风格。

图3-9　品牌服饰

任务1.2　店铺分区

【思维导图】

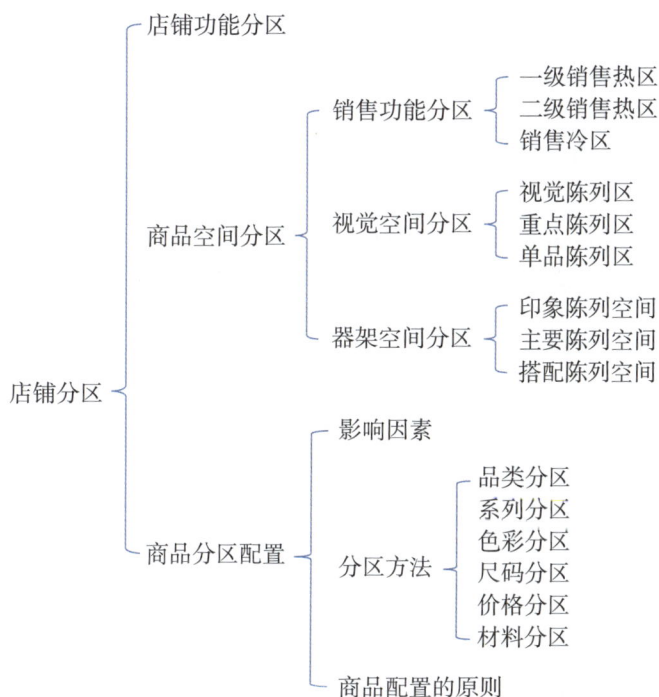

【任务导入】

4月16日，GXG品牌新店开业，陈列执行小张和导购要根据品牌陈列标准手册和季节指引完成店铺陈列。在陈列前，小张和导购要先了解店铺分区情况并完成商品配置。店铺平面图如图3-10所示。

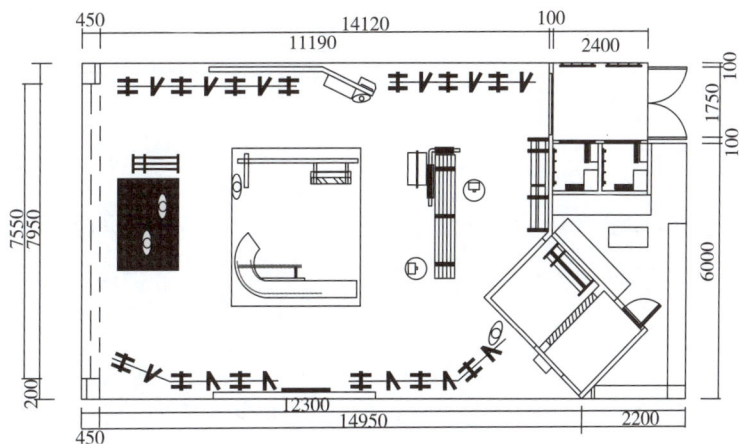

图3-10　店铺平面图

（一）知识目标

了解店铺空间功能分区、商品空间分区及商品分区配置的分类方法。

（二）技能目标

能识别店铺空间功能分区、商品空间分区，并分类配置商品。

（三）素质目标

具有良好的团队合作意识及吃苦耐劳、严守企业信息的职业道德。

【知识学习】

店铺分区常用于新开店铺规划和店铺产品配置中，合理、科学的店铺分区能提高消费者的进店率、促进产品的销售。店铺分区包含店铺功能分区、商品空间分区和商品分区配置。

一、店铺功能分区

尽管服装品牌店铺装修风格各不相同，店铺面积、结构也千差万别。店铺功能分区通常都可分为导入区、营业区和服务区。按照主体对象的不同，可以分为商品空间、服务空间、顾客空间，具体详见表3-3。

表 3-3　店铺功能分区

类别	商品空间	服务空间	顾客空间
功能	陈列展示服装商品的位置，是店铺的核心	用来完成服装售卖活动，使顾客享受品牌超值服务的辅助空间，包含试衣间、工作台、仓库、休息区	顾客参观、选择和购买服装商品的空间
原则	方便顾客挑选商品、购买商品	位于相对较差的位置，不影响正常销售	保证顾客行走路线及空间的舒适性

二、商品空间分区

合理科学的商品空间分区，可以增加进店人流量，提升消费者购物体验，延长顾客留店的时间，提升销售业绩。商品空间可以从销售功能、视觉空间、器架空间等角度进行分区。

（一）销售功能分区

按店铺销售功能可分为一级销售热区、二级销售热区及销售冷区，也称为销售A、B、C区，具体详见表3-4。

表3-4　店铺功能分区

类别	一级销售热区	二级销售热区	销售冷区
功能	黄金区，是顾客关注度最高的区域	畅销的量贩区域	顾客最后到达或常被忽略的区域
位置	通常是位于店铺入口的陈列桌及店铺两侧第一组货架	位于店铺中部的中岛、门架等陈列组合	位于店铺中较偏的位置或店铺后部
实施要素	陈列部分畅销的应季款式、最新流行款,表现品牌的时尚性	陈列从一级销售热区撤下的货品、次新款、基本款	陈列特殊类别的货品、易于识别的款式、不受季节及促销影响的款式

（二）视觉空间分区

陈列的视觉空间包含视觉陈列区、重点陈列区及单品陈列区，即VP（Visual Presentation）区、PP（Point of Sales Presentation）区、IP（Item Presentation）区，具体详见表3-5。

表3-5　视觉空间分区

类别	视觉陈列区（VP）	重点陈列区（PP）	单品陈列区（IP）
功能	传达整体视觉主题,提高卖场及商品的形象	展示、引导分类商品卖点	通过将商品逐一分类整理陈列,便于顾客观看及选择
位置	橱窗、舞台、卖场入口等	卖场内自然吸引顾客视线的地方,墙面上端或货架上端	店内所有货架（衣架/陈列柜层板）
实施要素	流行提示（款式、面料、色彩等）、话题性、主体色彩活用、年度计划演出、灯光演出效果、主题及模特演出效果	正面展示、展示组合（组合三角形）、色彩配合（瞩目性）、重点展现（品类/款式/色彩）、灯光演出、陈列道具	侧挂、叠放、色彩排列、竖直陈列、尺寸排列、款式分类、面料分类
距离	稍远处（使顾客接受品牌形象）	卖场内（使顾客认识商品）	近处（顾客可触摸商品）

通常店铺里每面墙、每个高架都有重点销售陈列。因店铺大小和位置不同，重点销售陈列的出样形式也会不同。重点销售陈列遵循PP+IP关联原则，方便顾客拿取，起到连带销售作用。

（三）器架空间分区

器架空间分区是以人体工程学为理论依据，从人体尺度、人体生理、人体心理等几个方面来考虑。器架空间分为印象陈列空间、主要陈列空间、搭配陈列空间，具体详见表3-6。

表3-6　器架空间分区

类别	印象陈列空间	主要陈列空间	搭配陈列空间
功能	展示	展示、引导销售	销售
位置	180cm以上区域	70~180cm区域	70cm以下区域
实施要素	陈列一些展示用服装、配饰或海报	黄金区域，陈列主打产品、畅销产品和主推产品	叠装居多，放置搭配的产品，如裤子、裙子等，或者一些储存的产品
特点	相对容易发现，但取物困难	很容易发现，取物也很容易	相对容易发现，取物也较容易

　　器架的不同高度具有不同的销售功能。具有同种属性的商品，根据不同高度器架的不同功能，从上到下进行针对性地陈列，使商品陈列具有立体感和印象感，产品展示一目了然。

　　不同的器架决定了其在店铺摆放的不同位置。在店铺入口的区域摆放体积小、高度低、容量少的器架；店铺中间的区域摆放体积相对较大、高度较高、容量较多的器架；店铺最深入的区域摆放板墙和体积最大、高度最高、容量最多的中岛器架（图3-11）。这样的陈列从服装产品与消费者关系的角度来讲，满足"最大信息传送"和"最小视觉空间障碍"的对比需要，是促成消费者走进店铺的一个好办法（图3-12）。

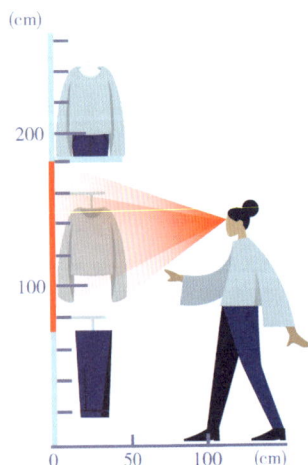

图3-11　器架空间分区1

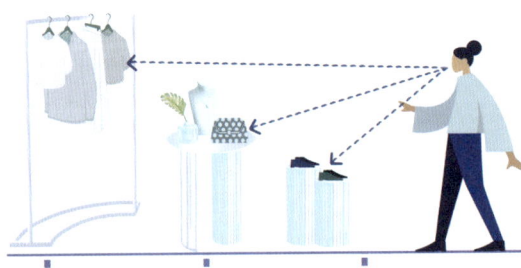

图3-12　器架空间分区2

三、商品分区配置

　　商品配置是在符合消费者消费习惯和商品属性的前提下，有目的地对店铺里服饰商品进行有规律的陈列。商品经过合理的配置，会对整个店铺的营销活动起到推动作用。商品配置陈列既要从方便顾客和吸引顾客的角度出发，还要从便捷管理和促进销售的角度进行综合考虑。

（一）影响因素

（1）秩序：使店铺有规则，分类清晰、便于管理、容易寻找。
（2）美感：营造店铺氛围，使店铺服装更加吸引人，并能引起连带销售作用。
（3）促销：使陈列工作和服装营销有机地结合，促进销售。

（二）分区方法

商品配置的关键就是按照一定的分类方式，对商品进行排列。商品的分类方法有很多，而且各有优缺点。为了方便顾客，引起顾客的兴趣，商品的配置往往将多种分类方法结合使用。

1. 品类分区

品类较丰富的品牌会对品类进行分类并分区。比如既有男装、又有女装和童装的品牌，会把男装、女装、童装分开陈列。一些既有休闲装，又有商务装和潮流服装的男装，也会进行分区陈列（图3-13）。

2. 系列分区

将相同系列的产品陈列在一起，阐述完整的产品故事，方便顾客选购。系列产品区域的划分要注意体现分类的逻辑性，不同系列之间的过渡要流畅自然（图3-14）。

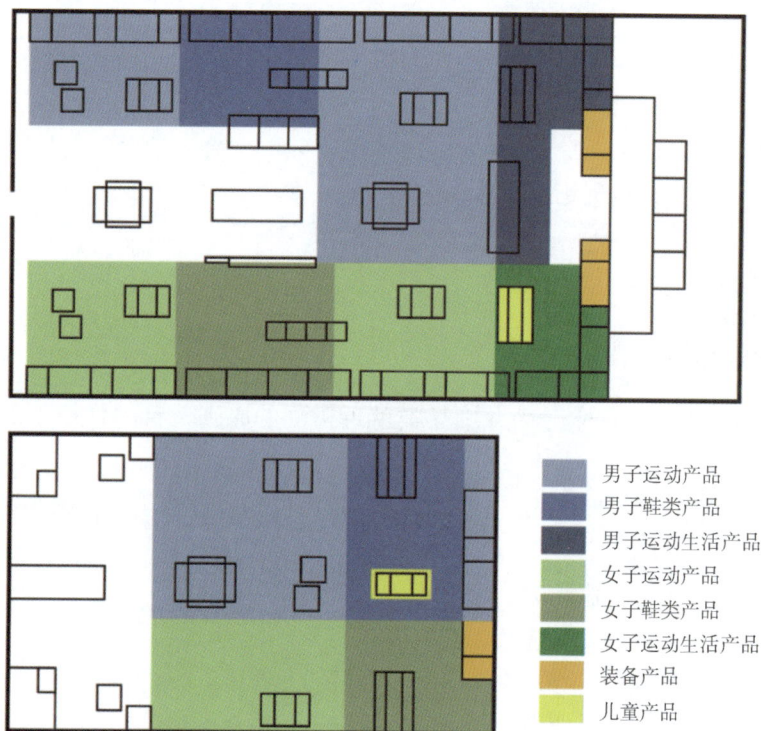

男子运动产品
男子鞋类产品
男子运动生活产品
女子运动产品
女子鞋类产品
女子运动生活产品
装备产品
儿童产品

图3-13　品类分区图

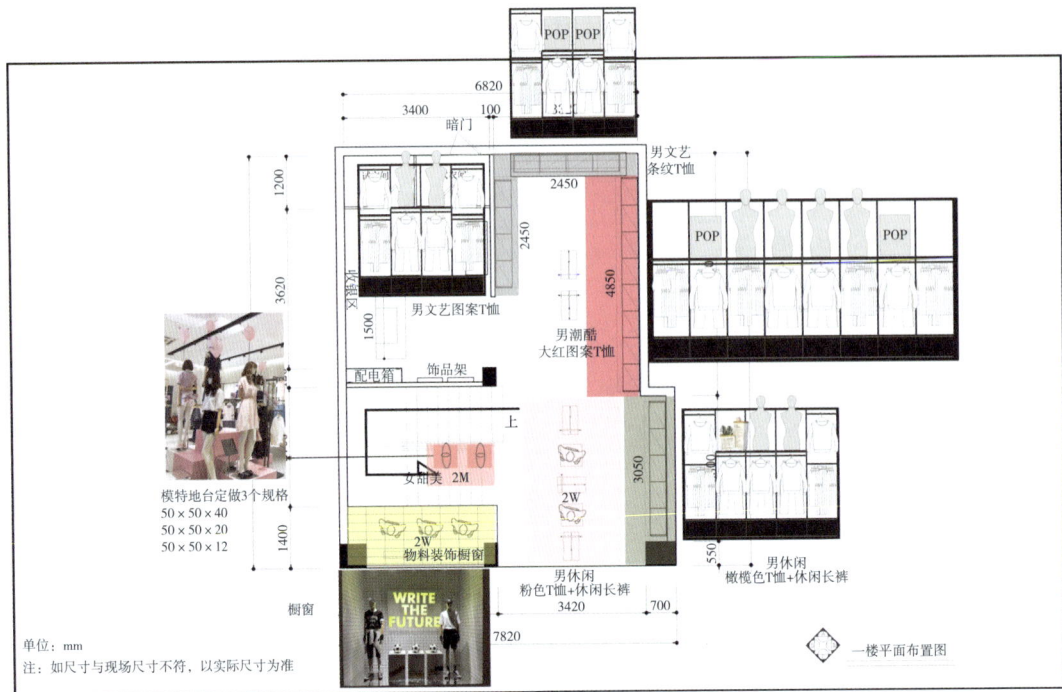

图3-14 系列分区图

3. 色彩分区

将相同或相近色系的产品陈列在一起，讲述产品色彩故事。

4. 尺码分区

一般用于断码促销店或在一些大型店铺中的童装、婴儿用品、量贩式男装中比较常见。

5. 价格分区

一般用于特价促销店或促销打折活动中。

6. 材料分区

主要作为辅助的分类方法。

（三）商品配置的原则

商品配置遵循大品类独立分区，细品类就近搭配的原则，目的是便于消费者挑选、搭配、成交（图3-15）。

（1）一般服装商品大类的划分，可以根据品牌定位和顾客的基本情况来定，主要有如下几种划分方式。

①按商品产品线划分：服装区、配件区。

②按商品性别类别划分：男装区、女装区。

③按商品年龄类别划分：男成衣区、女成衣区、儿童区。

④按商品季节类别划分：四季、两季、单季。

⑤按商品系列类别划分：功能分类、设计分类等。

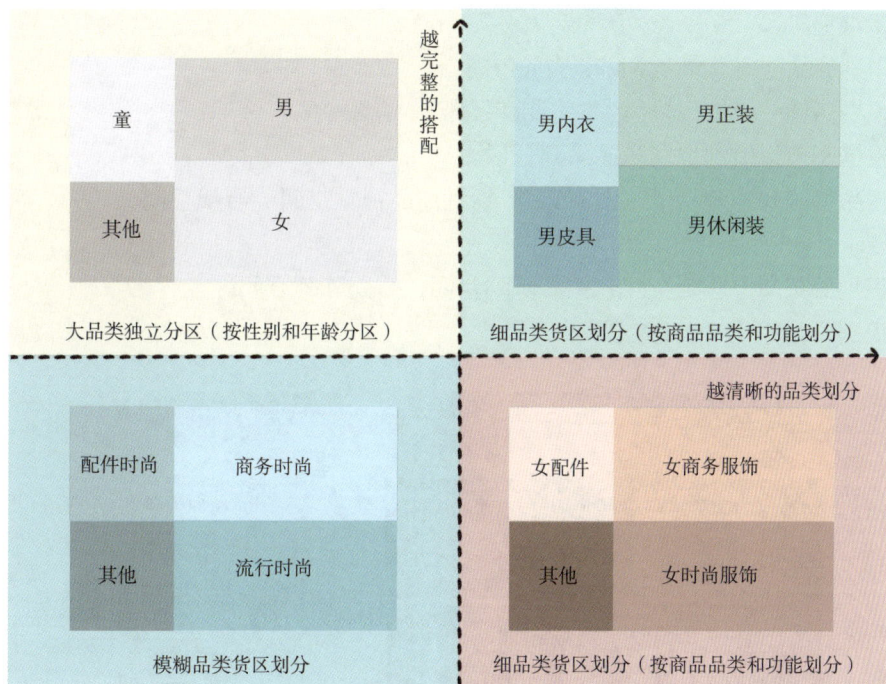

图3-15 商品配置分区

（2）服装商品细类划分，一般以品类为主，主要有如下两种划分方式。

①服装：外套区、衬衣区、长裤/裙区、短裤/裙区、T恤区等。

②配件：帽子区、围巾区、腰带区、手套区、袜子区、鞋子区、包区、香水区、化妆品区等。

【任务实施】

1.根据店铺平面图（图3-16），识别店铺功能分区和商品空间分区。

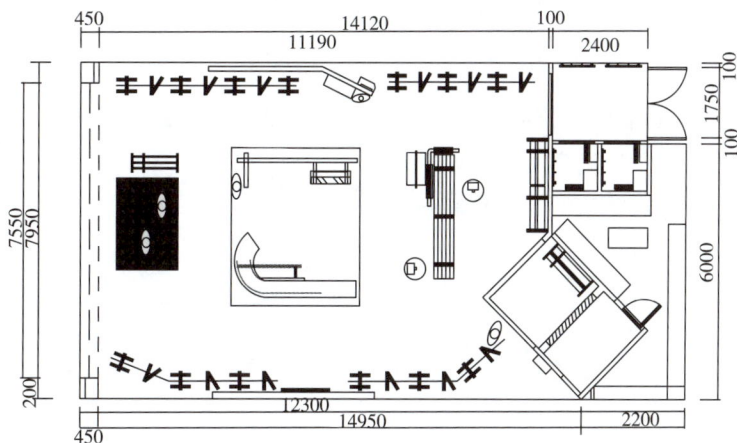

图3-16 店铺平面图

任务要求：

（1）识别商品空间、顾客空间和服务空间。

（2）识别店铺一级销售热区、二级销售热区、销售冷区。

（3）根据季节指引，识别产品系列分区。

2. 根据品牌陈列季节指引（图3-17），识别商品视觉空间、器架空间。

任务要求：

（1）识别器架印象陈列空间、主要陈列空间、搭配陈列空间。

（2）识别商品VP、IP、PP空间。

图3-17　陈列季节指引图

3. 根据品牌陈列季节指引和店铺实际，完成店铺商品分区配置操作，具体任务流程如下。

准备阶段：

（1）分解任务，明确任务目标。

（2）完成商品分区配置前期准备工作。

①调研商圈，了解客流方向及顾客群体。

②查看天气预报、日期。

③完成服装商品的盘点。

④识别商品系列和波段。

⑤了解服装商品类型和特点。

⑥服装商品的吊挂和熨烫。

⑦识别陈列季节，指引商品陈列设计意图。

实施阶段：

（1）完成商品系列分类操作。根据品牌系列划分，完成产品系列分类。

（2）完成商品波段和色彩分类操作。在完成系列分类的基础上，根据季节指引等完成产品波段和色彩分类。

（3）完成商品视觉陈列区、重点销售陈列区、单品陈列区商品配置操作。根据季节指引、商圈消费特点及波段上新时间等完成产品分区配置。

（4）完成器架空间商品配置操作。根据季节指引、库存情况、主推款、形象款等完成产品印象陈列空间、主要陈列空间、搭配陈列空间分类和产品配置。

收尾阶段：

完成店铺整理。

4.任务要求

（1）以小组形式完成任务，每组3~4人。

（2）任务实施符合企业职业规范。

【任务评价】

任务评价考核表如表3-7所示。

表3-7　任务评价考核表

评分任务	分值（总分100）	评分条件	评分要求（分值）	自评	教师评价
店铺分区	5	能够辨析店铺顾客空间、商品空间、服务空间	1. 能区分三类空间　（5） 2. 能区分一类空间　（2） 3. 不能区分　（0）		
商品分区	45	1. 能够辨析商品一级销售热区、二级销售热区和销售冷区 2. 能够辨析视觉陈列区、重点销售陈列区、单品陈列区 3. 能够辨析印象陈列空间、主要陈列空间、搭配陈列空间	每项分值15分，其中每项具体细化分值： 1. 能区分三类空间　（15） 2. 能区分二类空间　（10） 3. 能区分一类空间　（5） 4. 不能区分　（0）		
商品配置	40	1. 能根据店铺实际配置商品 2. 能根据消费者实际配置商品 3. 根据产品波段配置商品 4. 能根据陈列手册配置商品 5. 能根据店铺实际调整配置商品	每项分值8分，其中每项具体细化分值： 1. 能很好完成商品配置　（8） 2. 能较好完成商品配置　（6） 3. 能基本配置商品　（4） 4. 较差完成商品配置　（2） 5. 不能完成商品配置　（0）		
素质素养	10	1. 保持道具清洁、卫生 2. 保持服装清洁、整齐、完好 3. 保持店铺清洁、卫生	未完成一项扣3.5分，扣分不得超过10分		

【学习笔记】

【知识题库及答案】

（一）单选题

1.（ A ）指陈列展示服装商品的位置，是店铺的核心。

A. 商品空间　　　　B. 服务空间　　　　C. 顾客空间

2. 180cm以上的区域，视线上相对较易发现，但商品在拿取困难的区域，称为（ A ）。

A. 印象陈列空间　　B. 主要陈列空间　　C. 搭配陈列空间

3. 商品配置的主要影响因素有（ ABC ）。

A. 秩序　　　　　　B. 美感　　　　　　C. 促销

4. 商品配置的分类方法有（ ABCD ）。

A. 品类分区　　　　B. 系列分区　　　　C. 色彩分区　　　　D. 尺码分区

5.（ C ），视线上相对较易发现，但商品在拿取相对容易的区域，被称为搭配陈列空间，也称容量陈列区。

A. 180cm以上　　　B. 70~180cm　　　C. 70cm以下　　　D. 85~135cm

（二）多选题

1. 店内空间由（ ABC ）三部分组成。

A. 商品空间 　　　　 B. 服务空间 　　　　 C. 顾客空间

2. 重点销售陈列是选购空间的"展示窗口"，有人也会把它叫作（ A ）或（ B ）。

A. 视觉冲击区 　　 B. 磁石点 　　　　 C. 陈列黄金区

3. 店铺销售区分为（ A ）区。A区为（ B ），是顾客关注度最高的区域。

A. A、B、C区 　　 B. 黄金区 　　　　 C. 磁石点

4. 单品陈列即将商品按照色彩、尺寸、面料、功能等分类方式分区的（ A ），有时会把它称为（ C ）。

A. 存储空间 　　　　 B. 商品空间 　　　　 C. 容量区

（三）判断题

1. 重点销售陈列区类似于敞开式橱窗，主要摆放重点推荐产品来表达品牌风格、设计理念等，通常位于店铺的入口、橱窗处或者店铺显眼的位置，常用人形模特和展示台进行造型组合陈列。（ × ）

2. 单品陈列区商品展示的原则是就近陈列。（ √ ）

3. B区通常位于店铺中部的中岛、门架等陈列组合，是畅销的量贩区域，适合陈列A区撤下的货品、次新款、基本款。（ √ ）

4. 从服装产品与消费者关系的角度来讲，满足"最大信息传送"和"最小视觉空间障碍"的对比需要，是促成消费者走进店铺的一个好办法。（ √ ）

【操作技能题库】

1. 分析识别图3-18的概念陈列空间和器架陈列空间。

图3-18　店铺局部陈列图

2. 分析识别图3-19的商品空间、顾客空间和服务空间。

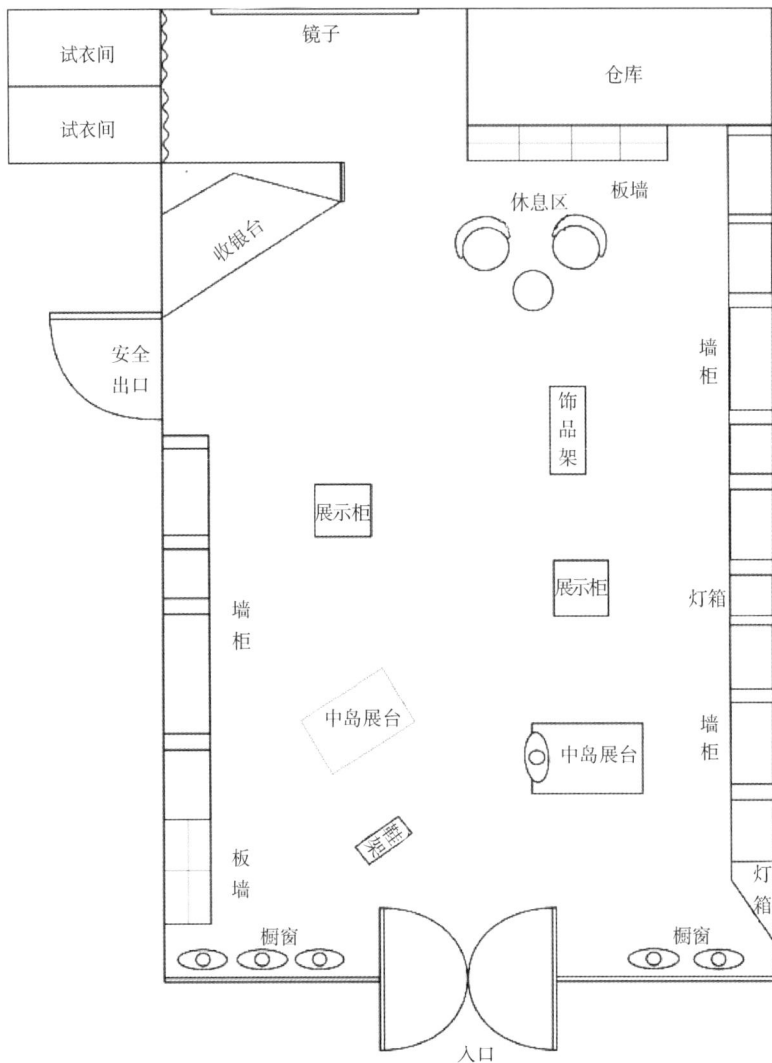

图3-19　店铺平面图

3. 根据品牌陈列季节指引，识别店铺分区和完成商品分区配置。

要求完成：

（1）识别商品空间销售功能分区。

（2）识别概念空间分区。

（3）识别器架空间分区。

（4）完成商品分区配置。

4. 调研一家自己熟悉的店铺，绘制该店铺平面图，说明该店铺分区情况，具体要求如下。

（1）标注空间长、宽尺寸。

（2）说明销售功能分区——一级销售热区、二级销售热区、销售冷区。

（3）说明商品配置分区——品类分区、色彩分区、系列分区、价格分区等。上交格式：JPG。

任务1.3 店铺陈列规范

【思维导图】

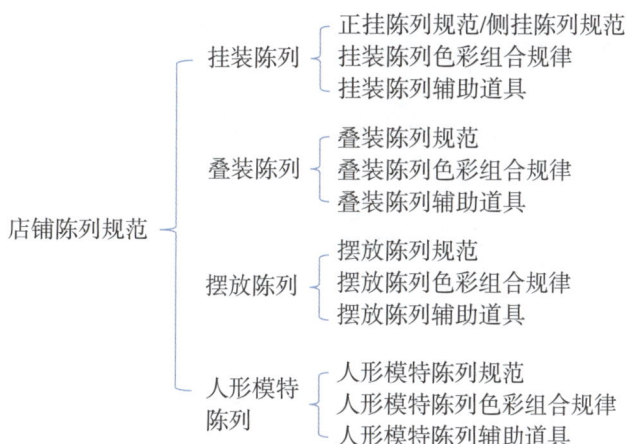

店铺陈列规范
- 挂装陈列
  - 正挂陈列规范/侧挂陈列规范
  - 挂装陈列色彩组合规律
  - 挂装陈列辅助道具
- 叠装陈列
  - 叠装陈列规范
  - 叠装陈列色彩组合规律
  - 叠装陈列辅助道具
- 摆放陈列
  - 摆放陈列规范
  - 摆放陈列色彩组合规律
  - 摆放陈列辅助道具
- 人形模特陈列
  - 人形模特陈列规范
  - 人形模特陈列色彩组合规律
  - 人形模特陈列辅助道具

【任务导入】

8月初，某品牌店铺秋装上新，陈列执行小张和导购要根据陈列季节指引完成一个6仓位陈列。在陈列前，陈列师要求小张和导购先了解6仓位陈列类型和规范，再完成6仓位陈列上新（图3-20）。

图 3-20 唐狮陈列季节指引

（一）知识目标

掌握店铺陈列规范、色彩规律。

（二）技能目标

能根据品牌陈列手册完成店铺挂装陈列、叠装陈列、人形模特陈列规范操作。

（三）素质目标

构建规范意识，培养规范操作的工作素养。

【知识学习】

店铺陈列形态通常包括挂装陈列、叠装陈列、摆放陈列、人形模特陈列等。根据陈列手册执行规范陈列，可使店铺呈现整齐、和谐、时尚、个性的品牌风貌。

一、挂装陈列

（一）正挂陈列规范

正挂陈列体现的是服装正面观看效果，是店铺中最不占空间的展示服装方式，仅次于店内的人形模特展示（图3-21）。正挂陈列主要用于设计感较强、价值感较高的服装款式悬挂展示，强调商品的款式风格及卖点，具有较好的视觉吸引力。

正挂陈列规范如下：

（1）第一件通常做搭配陈列，以强调商品的风格，吸引顾客购买。如果同一挂杆展示多款商品时，应该先挂短的款式，后挂长的款式。

（2）避免滞销货品单一挂装展示，可适当配以陪衬品以形成趣味和卖点联想，并显示出搭配格调。

（3）套头式罗纹领针织服装衣架从下口进，避免领口拉伸变形。

（4）上下装组合搭配陈列时，上下装套接位置要到位，如有上下平行的两排正挂，通常上衣挂上排，下装挂下排。

图3-21　正挂陈列

（5）衣架挂钩遵循问号原则（顾客主线视角观察到的衣架衣钩缺口向内、向左）。

（6）服装排列从前到后，一般应用3件或6件进行出样，尺寸从小到大（S、M、L、XL），一般M号作为正面出样。根据店铺大小和实际情况可以有所改变，但不可以单件出样。

（二）侧挂陈列规范

　　侧挂体现的是服装悬挂时服装侧面的款式效果，因其具有占地面积小且展示商品多的特点，是服装卖场使用频率最高的陈列方式（图3-22），能给款式较多且色彩杂乱的店铺带来整齐、干净、高雅的视觉效果。

图3-22　侧挂陈列

　　侧挂陈列还能利用服装货品的颜色及花色等元素形成色块，并通过色块的不同组合方式和技巧来展示货品的多样性，增加视觉吸引力，使卖场整体风格突出，从而有效吸引顾客。

　　侧挂陈列首先要注意服装的主题风格应该保持统一；其次，挂装的款式陈列要采取均衡的形式，保证上下装、薄厚装的平衡展示，具体要求如下。

　　（1）出样衣物的衣架朝向一致。

　　（2）商品挂牌应藏于衣内。

　　（3）同款同色产品同时连续挂2~4件，一般春夏每个SKU 3件（S、M、L），秋冬每个SKU 2件（M、L）。挂装尺码从左至右，尺寸从小至大；自外向内，尺寸由小至大（图3-23）。

　　（4）挂件应保持整洁，无折痕。

　　（5）纽扣、拉链、腰带等尽量到位。

　　（6）挂杆不能太空，也不能太挤，建议每件挂钩间距3cm，衣架之间要保持距离均衡。

　　（7）裤装采用M式侧夹或开放式夹法，侧夹时裤子的正面一定要向前。

　　（8）套装搭配衬衣展示时，裤装一般侧面夹挂。

（9）挂装展示，商品距地面不少于15cm。

（10）侧挂区域的就近位置，应摆放人形模特展示或正挂陈列服装中有代表性的款式或其组合，还可以配置宣传海报（图3-24）。

图3-23　同款多件侧挂陈列规范

图3-24　侧挂和人形模特陈列组合

（三）挂装陈列色彩组合规律

（1）颜色应交叉对称，注意深浅色对比度。

（2）正挂色彩渐变从外向内或从前向后应由浅至深。

（3）侧挂陈列可采用2+3、4+2、3+4、3+3等色彩搭配模式（图3-25），但颜色组合一般不得超过四种，以保证色块和谐整齐（图3-26）。

（4）相近的颜色不得同时陈列，如本白色与奶白色的侧挂陈列。

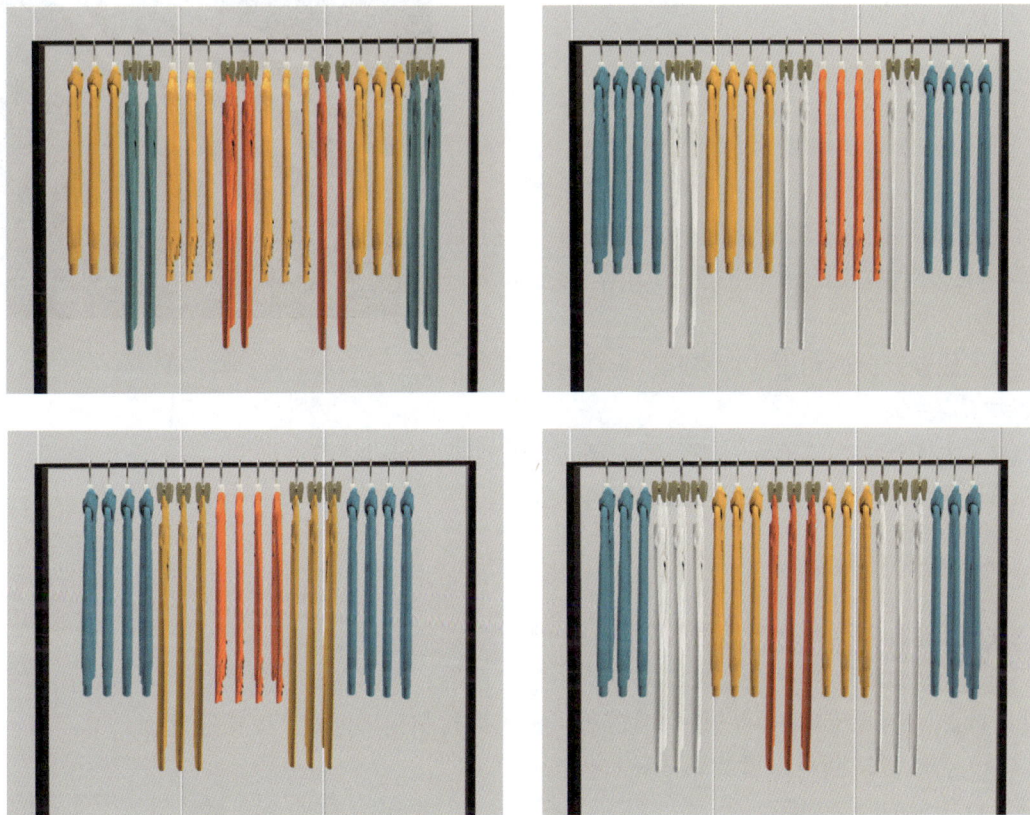

图3-25　侧挂色彩组合

图3-26　侧挂色彩2+2组合应用

（四）挂装陈列辅助道具

卡子：用于卡吊牌、卡衣服。

大头针：用于衣服造型、别衣襟、别袖子。

连接带（图3-27）：用于上下装套穿。

二、叠装陈列

叠装陈列就是通过有序的服装折叠，把商品展现在流水台或高架台上。叠装陈列强调整体协调，轮廓突出，适合于文化衫、正装衬衫、牛仔裤、毛衫等常规的款式品种，其作用有如下几点。

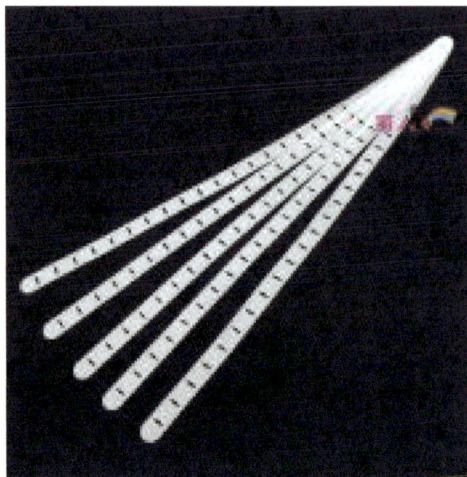

图3-27　连接带

（1）能够充分的利用店铺空间，合理分配店铺资源，储货性强。

（2）大面积的叠装陈列，能得到特殊的视觉效果，形成视觉冲击。

（3）叠装陈列可完整体现货品色彩的系列性。

（一）叠装陈列规范

（1）同季同类同系列产品陈列在同一区域。

（2）陈列的商品要拆去包装，并熨烫平整。肩部、领部尤其都要整齐，不得将吊牌暴露在外。同款同色薄装4件/厚装3件一叠摆放（机织类衬衣领口可上下交错摆放）。

（3）若缺货或断色，可找不同款式但同系列且颜色相近的服装垫底。

（4）每叠服装折叠尺寸要相同，可利用折衣板辅助，折衣板参考尺寸为27cm×33cm。

（5）上衣折叠后长宽建议比例为1∶1.3。

（6）折叠陈列同款同色的服装，从上到下的尺码要从小至大放置。

（7）上装胸前有标志的，应显露出来；有图案的，要将图案展示出来，从上至下应整齐相连（图3-28~图3-30）。

（8）下装经折叠后应该展示尾袋、腰部、胯部等部位的工艺细节（图3-31）。

（9）折叠后的商品挂牌应藏于衣内。

（10）每叠服装间距10~13cm（至少一个拳头的距离）。

图3-28　显露标志的叠装叠法

（11）上下层板之间陈列商品，每叠高度一致，并且上方要预留1/3的空间。

（12）叠装有效陈列高度60~180cm，60cm以下叠放以储藏为主。

图3-29　显露图案的叠装叠法

图3-30　图案相连的叠装叠法

（13）叠装服饰就近位置设置相关的挂装展示及配合海报，或设置全身/半身人形模特展示具有组合陪衬效果。

（14）正装类货品尽量不要叠装，除非是造型需要的一些板型不规则的货品。

（15）要避免在卖场的死角或暗角展示、陈列深色调的服装，可频繁改变服装的展示位置，以免造成滞销。

（二）叠装陈列色彩组合规律

（1）从暖色到冷色的排列，一般是冷色在下，暖色在上（图3-32）。

（2）从浅色到深色的排列，一般是深色在下，浅色在上（图3-33）。

图3-31　裤装叠装表现

图3-32 从暖色到冷色的排列　　　　图3-33 从浅色到深色的排列

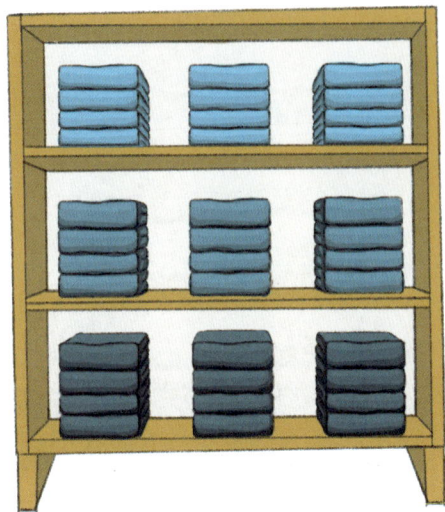

（3）叠装的色块渐变序列应依据顾客流向，自外场向内场由浅至深。

（4）叠装展示色块间隔、渐变和对比，包含彩虹效果、琴键效果、近似效果（图3-34）。

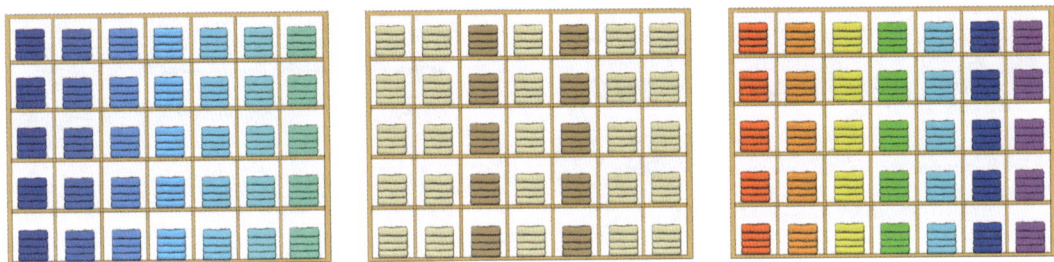

图3-34 叠装色块展示

（三）叠装陈列辅助道具

叠装陈列辅助道具常见的有折衣板、衬衣板、大头针、衬垫纸等。

三、摆放陈列

摆放陈列是将服装或服饰品展开摆放在展示台平面上。摆放陈列多在中岛展区使用，好的摆放陈列能更好地展示服装的款式和装饰细节、提升产品的连带销售。

（一）摆放陈列规范

摆放陈列时应先将商品分类，再进行陈列，要强调摆放的整体性、统一性。体积较大的服饰（如包类），须有内充物填充，吊牌不外露，注意不可填充得过于臃肿，饱满即可。摆放陈列的道具尽可能的体现系列感。

1. 包装形式摆放

带包装形式的商品多用于节庆、新店开业时摆放，让顾客能有特色的体验。一般在摆放时需注意包装的色彩与形式是否与商品相呼应，以及摆放时空间的错落效果（图3-35）。

2. 平面形式摆放

当中岛展示区域有较大空间时，可采用平面形式摆放服饰。服装平面展示的形式可依据服装风格、主题、色彩、企业文化等要素进行提炼，更好地体现服装的款式和细节（图3-36）。

3. 与饰品组合形式摆放

为了更好地促进连带销售，服装商品常与饰品组合摆放，以提升服装特色。饰品组合形式摆放需要注意色彩、材质、展示道具的选择，合适的饰品搭配能提升服装档次及品牌品质（图3-37）。

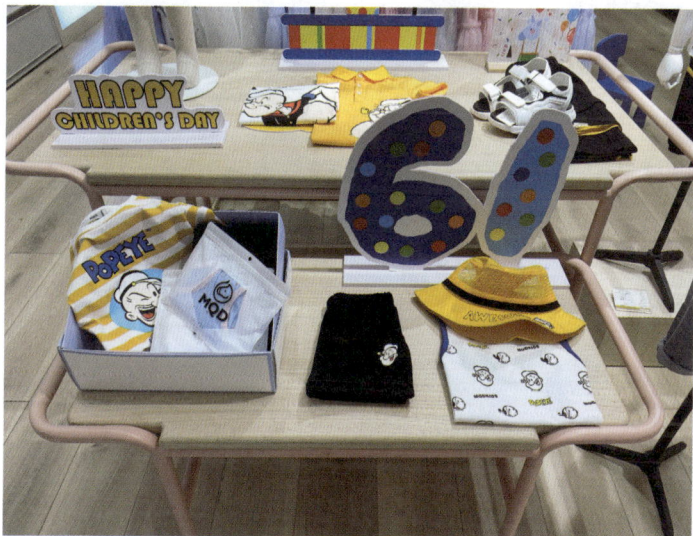

图3-35 包装形式摆放

图3-36 平面形式摆放

图3-37 与饰品组合形式摆放

（二）摆放陈列色彩组合规律

摆放陈列色彩组合形式常见有同类色摆放、近似色摆放及对比色摆放。

（1）同类色摆放：将摆放商品形成色块，使货品看上去整齐、统一（图3-38）。

（2）近似色摆放：在同一色调中又富有变化，使货品的出样更为丰富、活泼（图3-39）。

（3）对比色摆放：多强调摆放时的局部特色，通过色调差异更好地吸引顾客关注（图3-40）。

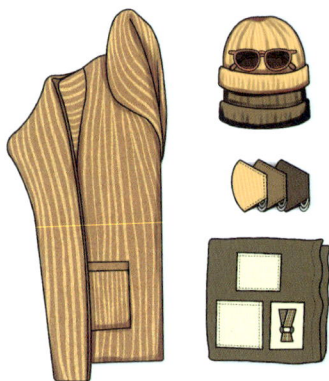

| 图3-38　同类色摆放 | 图3-39　近似色摆放 | 图3-40　对比色摆放 |

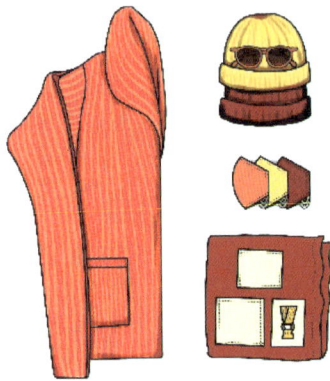

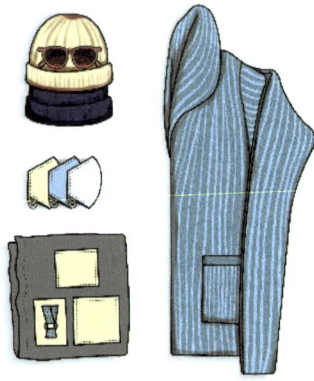

（三）摆放陈列辅助道具

摆放陈列辅助道具常见的有头模、手模、鞋托、包架、帽撑等。

四、人形模特陈列

人形模特陈列也叫人模出样，是指将服装穿着在静态人模身上，并搭配饰品的一种陈列形态。人形模特陈列主要展现服装的整体搭配组合，反映当季的时尚流行或品牌最新的产品信息。人形模特陈列一般分为一至两人人形模特陈列、三人人形模特陈列及多人人形模特陈列。常见人形模特陈列的空间结构为一字型平排摆放、前后错落摆放、站模与坐模搭配摆放（图3-41）。

图3-41　人形模特陈列

人形模特陈列的作用有如下几点。

（1）能充分展示服装款式细节。

（2）体现当季主题及品牌风格。

（3）好的人形模特陈列能引导及提升销售。

（一）人形模特陈列规范

（1）掌握模特道具使用方法。整身人形模特分为站模和坐模，多为固定姿态，为其着装时需要将人形模特所有可拆分的关节拆分平放，再从下到上进行穿衣组装。

（2）人形模特展示的是卖场的新款货品或推广货品，要注意陈列的关联性。

（3）组合人形模特需注意主题、风格及人形模特造型的协调统一，除了特殊设计，人形模特上下身都不能裸露。

（4）陈列时需先确定展示空间的大小、人形模特姿态及摆放的前后关系。

（5）人形模特着装的颜色应有主色调。搭配多用对比色系陈列，用色要大胆，细节部分可以夸张一点，以吸引顾客的注意。

（6）为避免款式、颜色过于单调或商品污损，展示服装要定期更换。

（7）多应用与主题相关的配饰品，加强表现的效果，也可促进附加销售。

（8）人形模特身上不能外露任何吊牌或尺码，部分促销或减价商品除外。

（9）服装选用最合适的尺码，忌过大或过小，在穿着之前须熨烫。

（10）要模仿人真实的穿着状态，在穿着之后要整理肩、袖以及裤子，必要时用别针、拷贝纸做陈列效果，使表现的主题更为鲜明，更具生活气息。

（二）人形模特陈列色彩组合规律

人形模特陈列色彩常见的关系为：主体色、次要色、融合色及点缀色。

人形模特陈列时的色彩运用方法为：平衡法、关联法、交叉法及三角组合法（图3-42）。

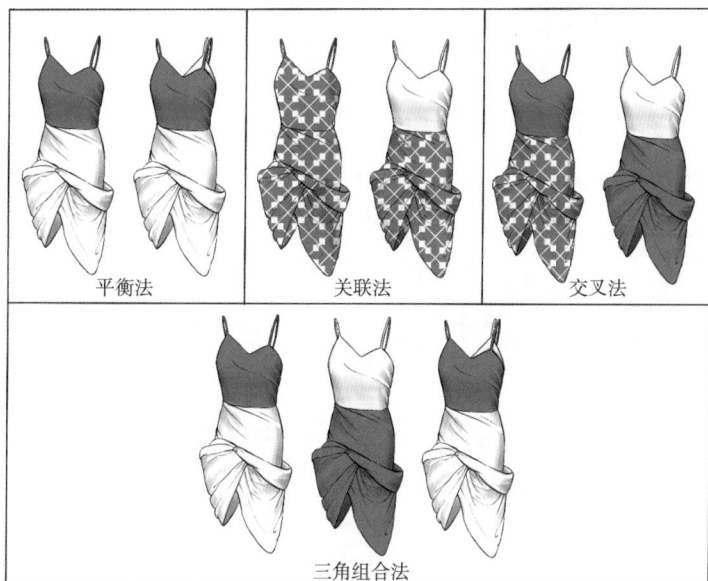

平衡法　　关联法　　交叉法

三角组合法

图3-42　人形模特陈列的色彩运用方法

（三）人形模特陈列辅助道具

人形模特陈列辅助道具常见的有大头针（别针）、硫酸纸、针线等。

【任务实施】

1. 根据品牌陈列季节指引，解读挂装陈列、叠装陈列、摆放陈列、人形模特陈列等规范。

任务要求：

（1）识别季节指引采用陈列形式。

（2）分析季节指引陈列规范。

2. 根据品牌陈列季节指引，完成店铺6仓位挂装陈列、摆放陈列、人形模特陈列等规范的陈列操作。

准备阶段：

（1）佩戴好白手套进到卖场，确认自己的位置。

（2）3~4人一组同时进行。

实施阶段：

（1）整理、清点、熨烫服装。

（2）完成服装的挂装陈列、叠装陈列、摆放陈列、人形模特陈列等规范操作。

收尾阶段：

（1）根据季节指引处理产品陈列细节、配饰搭配。

（2）根据季节指引、波段主题等做陈列氛围。

（3）完成店铺整理。

任务要求：

（1）以小组形式完成任务，每组3~4人。

（2）任务实施符合企业职业规范。

【任务评价】

任务评价考核表如表3-8所示。

表3-8　任务评价考核表

评分任务	分值（总分100）	评分条件	评分要求（分值）	自评	教师评价
挂装陈列	30	1.能按照规范做侧挂陈列 2.能按照规范做正挂陈列 3.符合色彩组合规律	每项10分，其中每项具体细化分值： 1.能很好完成任务　（10） 2.能较好完成任务　（8） 3.能基本完成任务　（6） 4.任务完成度欠佳　（3） 5.不能完成相应任务　（0）		

续表

评分任务	分值 （总分100）	评分条件	评分要求（分值）	自评	教师 评价
摆放陈列	20	1. 能按照规范做摆放陈列 2. 符合色彩组合规律	未完成一项扣10分，扣分不得超过20分		
人形模特陈列	40	1. 能按照规范做模特陈列 2. 符合色彩组合规律	每项20分，其中每项具体细化分值： 1. 能很好完成任务 （20） 2. 能较好完成任务 （16） 3. 能基本完成任务 （12） 4. 任务完成度欠佳 （6） 5. 不能完成相应任务 （0）		
素质素养	10	1. 保持道具清洁、卫生、完好 2. 保持服装清洁、整齐、完好 3. 保持店铺清洁、卫生 4. 具有团队合作精神	未完成一项扣2.5分，扣分不得超过10分		

【学习笔记】

【知识题库及答案】

（一）单选题

1. 正挂陈列的作用是能进行（ D ）的搭配展示，强调商品的款式风格及卖点，吸引顾客购买。

A. 下装　　　　　B. 上装　　　　　C. 配件　　　　　D. 以上全是

2. 服装店铺中使用的人形模特分为整身人形模特、半身人形模特及（ A ）。

A. 人台　　　　　B. 坐模　　　　　C. 订制人形模特　　D. 公仔

3.（ A ）类货品尽量不要叠装，除非是造型需要的一些板型不规则的货品。

A. 正装　　　　　B. 牛仔裤　　　　C. 衬衣　　　　　D. 运动衣

4. 衣架挂钩遵循问号原则，是指顾客主动视角观察到的衣架衣钩缺口应该（ A ）。

A. 向内、向左　　B. 向外、向左　　C. 向内、向右　　D. 向外、向左

5. 上衣折叠后长宽建议比例为（ A ）。

A. 1∶1.3　　　　B. 1∶1.4　　　　C. 1∶1.5　　　　D. 1∶1.6

（二）多选题

1. 叠装陈列适合于（ ABCD ）等常规款式品种。

A. 文化衫　　　　　　　　　　　B. 正装衬衫

C. 牛仔裤　　　　　　　　　　　D. 毛衫

2. 侧挂陈列可采用（ ABCD ）等色彩搭配模式，但颜色组合一般不得超过四种，以保证色彩和谐整齐。

A. 2+3　　　　　B. 4+2　　　　　C. 3+4　　　　　D. 3+3

3. 服装店铺陈列形式有（ ABCD ）。

A. 挂放陈列　　　B. 叠装陈列　　　C. 摆放陈列　　　D. 人形模特陈列

4. 人形模特陈列时的色彩运用方法有（ ABCD ）。

A. 平衡法　　　　B. 关联法　　　　C. 交叉法　　　　D. 三角组合法

5. 摆放组合色彩形式常见有（ ABC ）。

A. 同类色摆放　　B. 近似色摆放　　C. 对比色摆放　　D. 无彩色摆放

（三）判断题

1. 店铺的橱窗及VP点常使用人形模特陈列，人形模特摆放一般分为一至两人人形模特摆放、三人人形模特摆放及多人人形模特摆放。（ √ ）

2. 每叠衣物只可放同一款且同一颜色货品。（ √ ）

3. 人形模特穿脱麻烦，展示服装尽量不要更换。（ × ）

4. 同款衣物的每叠、每件折叠大小、尺寸可因叠装手法不同叠得不一样。（ × ）

5. 正挂体现的是服装悬挂时正面的服装款式效果，因其具有占地面积小且展示商品多的特点，是服装卖场使用频率最高的陈列方式。（ × ）

6. 在叠装陈列中，上装胸前有标志的，最好不要显露出来。（ × ）

7. 要避免在卖场的死角、暗角展示，陈列深色调的服装可频繁改变服装的展示位置，以免造成滞销。（ √ ）

【操作技能题库】

1. 从服装出样的效果、形式及手法分析说明图3-43中侧挂陈列的特点及改进建议。

图3-43 侧挂陈列图

2. 根据色彩间隔法进行层板上的服装叠装出样。

要求：

（1）符合叠装规范。

（2）采用两种以上色彩，叠装出样具有美感。

3. 请参考图3-44陈列标准图完成西服套装模特出样。

（1）要求：

①符合人形模特出样规范。

②人形模特出样具有美感。

（2）过程描述（评分分值）。

①人形模特拆装（30分）：将上身、手臂、手掌分别整齐地放在底座周围，将人形模特连接杆拔出底座平放于地面，并避免与其他人形模特部件错混，造成不必要的麻烦。

②熨烫（20分）：正确使用挂烫机，保证使用安全。

③整身人形模特着装（30分）：先穿裤装再穿鞋，下身穿好后与上身组装，先将连接杆与人形模特连接后再来安装底座。调整与底座垂直后穿上衣，最后安装手臂与手掌。

④系领带（20分）：按服装类型进行选择搭配，样式不限。

图3-44 人形模特陈列标准图

4. 请参考图3-45陈列标准图完成6仓位陈列出样。

要求：

（1）符合仓位出样规范。

（2）仓位出样具有美感。

图3-45　仓位陈列标准图

任务1.4　边柜组合陈列

【思维导图】

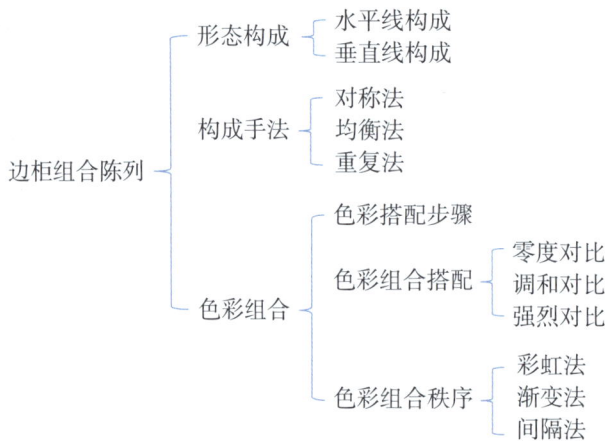

【任务导入】

8月10日，某品牌新到一波秋装，陈列执行小张和导购要根据品牌季节指引（图3-46）完成店铺6仓位陈列。

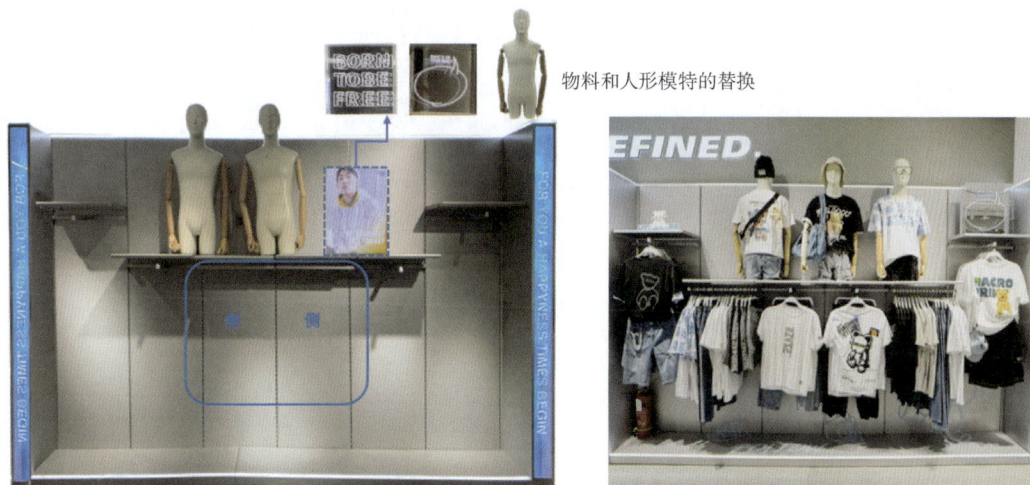

物料和人形模特的替换

图3-46　季节指引

（一）知识目标

（1）掌握边场货柜/架陈列形态组合构成及手法。
（2）掌握边场货柜/架商品色彩组合技巧。

（二）技能目标

能完成边柜/架组合陈列。

（三）素质目标

（1）具有良好的团队合作意识及珍惜劳动成果、严守企业信息的职业道德。
（2）培养规范操作的工作素养。

【知识学习】

边场货柜/架是构成服装卖场空间最主要的承载类道具，其高度高，容量较大，可以进行叠装、侧挂、正挂等多种形陈列式，因此也是陈列构成应用最集中的载体。边框组合陈列构成主要包含形态组合和色彩组合，其基本原则有如下5点。
（1）保持序列感。
（2）体现整体性。
（3）展示美感。

（4）符合品牌风格。

（5）满足货品商业排列规律。

一、形态构成

有序排列的直线具有明显的秩序感，能有效地统一整个边场货柜/架展示面。有经验的陈列设计师通常会选择直线陈列组合形式，把商品信息简洁、明了地传递给消费者，方便顾客浏览和购买。

（一）水平线构成

水平构成是将服装商品按照颜色或者图案等特点进行水平陈列。现代人阅读和观看习惯是从左到右，顾客在观看商品时会习惯性水平浏览，因此，水平的直线具有引导视线的作用。水平构成的优点是可以看到更多的陈列面及商品内容，但缺点是浏览速度较快，不容易使顾客做视觉上的停留。

（二）垂直线构成

与水平构成相对应的是垂直构成，是将商品按照颜色或者图案等特点进行垂直陈列。垂直陈列会使人的眼光上下移动，垂直线会隔断人们水平浏览的正常视觉习惯，延长视线在商品上的停留时间，使人们自然将注意力放到商品上，从而间接达到促进商品销售的目的。

二、构成手法

从构成学的角度讲，边场货柜/架商品组合构成形式是以秩序的美感和打破常规美感相结合的形式呈现的。

（一）对称法

对称法是指整体货架以对称轴或以对称点为中心，向两边延伸，两边的形态在大小、形状、色彩等排列上具有一一对应关系。这种展示形式的特征具有很强的稳定性，给人一种规律、秩序、安定、和谐的美感，因此在整体货柜中被大量应用（图3-47）。

图3-47　对称法

（二）均衡法

均衡法是指打破对称格局，以支点为中心，保持整体货架形态各异却量感等同，达到力学上的相对平衡。均衡既避免了对称结构过于平和、呆板的感觉，同时又在秩序中营造出一份动感，给整体货柜展示带来几分活泼的感觉（图3-48）。

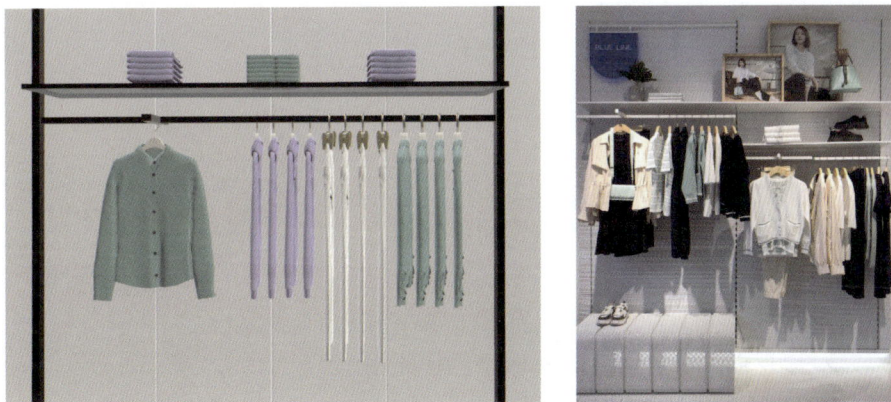

图3-48 均衡法

（三）重复法

重复法是指同样的再次出现，按原来陈列的样子在整体货架再次排列。重复通过有规律性的陈列，来吸引顾客对商品的注意力。重复结构主要可分为数量重复、形态重复、色彩重复等（图3-49）。

图3-49 重复法

三、色彩组合

色彩是服装卖场中最容易被消费者关注的元素，因此做好边场货柜/架色彩协调和搭配陈列，对整个卖场的陈列起到事半功倍的效果。

（一）色彩搭配步骤

在考虑如何配色时，必须先确定自己到底要什么样的配色效果，一般顺序如下。

决定主体色—选择搭配色—考虑背景色—明度、纯度调整—完成配色。

具体的组合配色步骤如下：

（1）确定一个展柜（板墙）的主体颜色。

（2）找相同色系的叠装、挂装。

（3）找相同色系的鞋、帽等配饰品，如果没有，可以用无彩色来搭配。

（4）在容量区陈列适当的颜色，如果没有，可以用无彩色来搭配。

（二）色彩组合搭配

两种以上色彩组合后，由于色相差别而形成的色彩对比效果称为色相对比。其对比强弱程度取决于色彩在色相环上的距离（角度），距离（角度）越小对比越弱，反之对比越强。色彩组合关系根据色相环相邻位置的不同，一般分为零度对比、调和对比、强烈对比（图3-50、表3-9）。

图3-50　色相环

表 3-9　色彩对比搭配

名称	定义	分类	效果
零度对比	色相环中排列在0~30°的色彩	无彩色对比	如黑白灰搭配，对比效果庄重、高雅而富有现代感，但也易产生过于素净的单调感
		无彩色与有彩色对比	如黑红搭配，对比效果感觉既大方又活泼，无彩色面积大时偏于庄重，有彩色面积大时偏于活泼
		同种色对比	一种色相的不同明度或不同纯度变化的对比，如蓝与浅蓝搭配，对比效果感觉统一含蓄、稳重，但也易产生单调感
调和对比	色相环中排列在30°~90°的色彩	类似色对比	如红与黄橙色搭配，对比效果感觉柔和、和谐、雅致、文静，是服饰颜色搭配中最常用的形式
强烈对比	色相环中排列在120°~180°的色彩	对比色对比	如红与蓝搭配，对比效果强烈、醒目、活泼，但若处理不当，易产生幼稚、粗俗、不协调等不良感觉

（三）色彩组合秩序

1. 彩虹法

彩虹法是将服装色彩依照色相环上的颜色循序组合排列。适用于货品颜色比较多，风格活泼、年轻的品牌。由于服装在设计规划中对单款颜色数量的控制，因此彩虹法在整体货柜中出现的频率较少，但在领带、丝巾等配饰品陈列中，货品颜色繁多，较常使用彩虹法营造卖场氛围（图3-51）。

图3-51 彩虹法

2. 渐变法

渐变法就是将同一色系不同深浅的产品组合搭配，颜色由浅至深，给人一种宁静、和谐的美感，例如米白—浅咖—咖色。这种排列方法经常在侧挂、叠装陈列中运用（图3-52）。

图3-52 渐变法

3. 间隔法

间隔法又称琴键式，是将两种以上不同色系进行搭配，通过深—浅—深—浅这种间隔方法，视觉跳跃感强，增加了服装卖场的生机与活力。这种排列方法是女装卖场中最常用的排列形式，适合系列服装商品的展示（图3-53）。

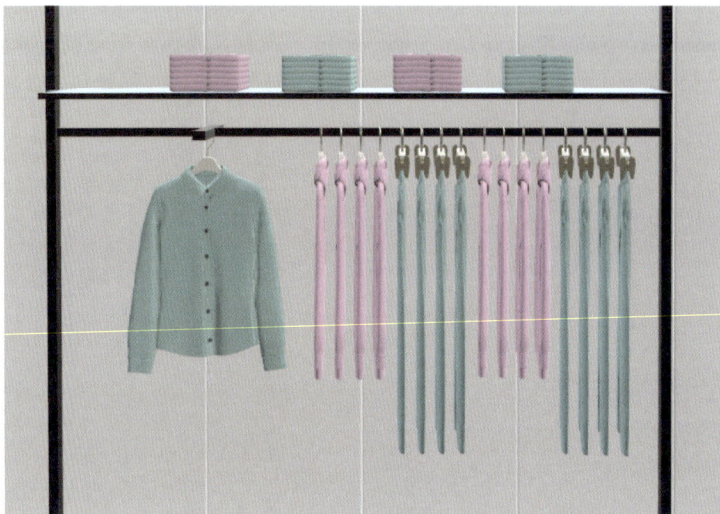

图3-53　间隔法

【任务实施】

1. 根据图3-46所示季节指引，描述6仓位整体货架的形态构成和色彩构成，并说明构成手法。

任务要求：

（1）分析整体货架形态组合构成。

（2）分析整体货架色彩组合构成。

2. 根据图3-46所示季节指引，完成6仓位整体货架陈列。

准备阶段：

（1）分解任务，明确任务目标。

（2）完成商品陈列前期准备工作。

①完成服装商品的盘点。

②识别商品系列和波段。

③了解服装商品类型和特点。

④服装商品的吊挂和熨烫。

⑤识别陈列季节指引商品陈列设计意图。

⑥了解项目任务品牌壁式货柜陈列的特点、陈列构成原则及规范。

实施阶段：

（1）主推款人体模特陈列。

（2）正挂套穿组合陈列。

（3）容量区正挂陈列。

（4）容量区相同色系的挂装陈列。

（5）容量区搭配款陈列。

收尾阶段：

（1）根据陈列规范、陈列构成手法、色彩组合规律调整陈列。

（2）根据季节指引处理产品陈列细节、配饰搭配。

（3）根据季节指引、波段主题等做陈列氛围。

（4）完成店铺整理。

任务要求：

（1）以小组形式完成任务，每组4~5人。

（2）任务完成，请从整体仓位组合形态、色彩构成及形式美等方面介绍作品。

（3）任务实施符合企业职业规范。

【任务评价】

任务评价考核如表3-10所示。

表3-10　任务评价考核表

评分任务	分值（总分100）	评分条件	评分要求（分值）	自评	教师评价
模特陈列	30	1. 服装选配与陈列季节指引契合 2. 人体模特陈列符合陈列规范	每项分值15分，其中每项具体细化分值： 1. 能很好完成任务 （15） 2. 能较好完成任务 （12） 3. 能基本完成任务 （9） 4. 任务完成度欠佳 （4.5） 5. 不能完成相应任务 （0）		
正挂套穿陈列	20	1. 服装选配与陈列季节指引契合 2. 正挂套穿陈列符合陈列规范	每项分值10分，其中每项具体细化分值： 1. 能很好完成任务 （10） 2. 能较好完成任务 （8） 3. 能基本完成任务 （6） 4. 任务完成度欠佳 （3） 5. 不能完成相应任务 （0）		
容量区陈列	20	1. 服装选配与陈列季节指引契合 2. 容量区陈列符合陈列规范			
总体仓位陈列	20	1. 符合均衡/对称/重复陈列手法 2. 陈列色彩组合有序、主题明确			
素质素养	10	1. 保持店铺清洁、卫生 2. 保持服装清洁、整齐、完好 3. 道具使用得当 4. 语言表达流利	每项分值2.5分，其中每项具体细化分值： 1. 能很好达到要求 （2.5） 2. 能较好达到要求 （2） 3. 能基本达到要求 （1.5） 4. 要求达成度欠佳 （0.75） 5. 不能达到相应要求 （0）		

【学习笔记】

【知识题库及答案】

（一）单选题

1.（ A ）的最高交点长的一边具有缓和的动感和流线感，具有静止、优雅的视觉感受，是最常见的三角形陈列构成，应用范围最为广泛。

A. 不等边三角形　　　B. 等边三角形　　　C. 倒三角形

2. 色彩组合关系根据色相环相邻位置的不同，一般分为（ ABC ）。

A. 零度对比　　　　　B. 调和对比　　　　　C. 强烈对比

3.（ B ）是将不同色系进行搭配，通过深—浅—深—浅这种间隔方法，视觉跳跃感强，增加了服装卖场的生机与活力。

A. 渐变法　　　　　　B. 间隔法　　　　　　C. 彩虹法

4. 色彩对比搭配中的零度对比包括（ ABC ）。

A. 无彩色对比　　　　　　　　　　B. 无彩色与有彩色对比

C. 同种色对比　　　　　　　　　　D. 类似色对比

5.（ A ）就是将同一色系不同深浅的产品组合搭配，颜色由浅至深，给人一种宁静、和谐的美感。

A. 渐变法　　　　　　B. 间隔法　　　　　　C. 彩虹法

（二）多选题

1. 边柜组合陈列色彩组合秩序是（ ABC ）。

A. 彩虹法　　　　　　B. 渐变法　　　　　　C. 间隔法

2. 边柜组合陈列构成手法有（ ABC ）。

A. 对称法　　　　　　B. 均衡法　　　　　　C. 重复法

3. 陈列组合构成的原则是（ ABCDE ）。

A. 保持序列感　　　　　　　　　　B. 体现整体性

C. 展示美感　　　　　　　　　　　D. 符合品牌风格

E. 满足货品商业排列规律

4. 陈列形态构成在整体货架的应用主要有（ AB ）。

A. 直线构成　　　　B. 三角构成　　　　C. 圆形构成　　　　D. 无规律构成

5. 色彩规划的三原则是指（ ABC ）。

A. 适时原则　　　　B. 适所原则　　　　C. 适人原则　　　　D. 适物原则

（三）判断题

1. 在色环上距离120°以上称对比色，60°以内称类似色，给人雅致和谐的称对比色，强烈活泼的称类似色。（ × ）

2. 色彩无论是同色相还是不同色相，都会有明度上的差异。（ √ ）

3. 彩虹法是将服装色彩依照彩虹的颜色组合陈列。适用于货品颜色比较多，风格活泼、年轻的品牌。（ √ ）

4. 水平构成一般多运用于壁面货架上，水平构成的优点是可以看到更多的陈列面及商品内容，但缺点是浏览速度较快，不容易使顾客做视觉上的停留。（ √ ）

5. 色相对比强弱程度取决于色彩在色相环上的距离（角度），距离（角度）越小对比越弱，反之则对比越强。（×）

6. 色彩规划的配色顺序为：决定主体色—考虑背景色—选择搭配色—明度、纯度调整—完成配色。（×）

【操作技能题库】

1. 调研一家服装店铺，绘制该店铺边柜色彩配置图，从该店铺色彩配置原则、色彩组合技巧等方面说明店铺色彩应用，并提出建议。具体要求如下。

（1）标注空间长、宽尺寸。

（2）说明店铺边柜色彩配置，即每个区域由哪些色彩进行组合及对应的色彩组合秩序。上交格式：JPG。

2. 利用虚拟品牌服装专卖店实训教学软件，完成男装整体货架陈列面的陈列训练，作品以图片格式保存。

要求：

（1）运用合理的色彩搭配方法，充分考虑服装风格、款式、色彩的搭配关系。

（2）陈列效果满足款式多样性、种类有序性、拿取方便性、整体美观性。

具体要求：

（1）货架要求：选用图3-54所示货架。

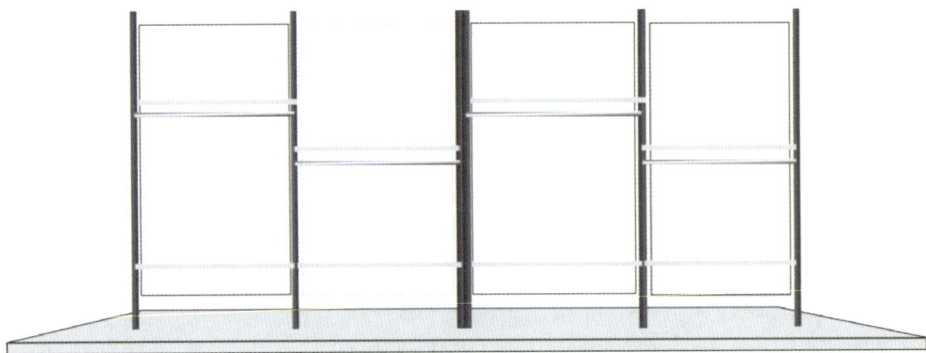

图3-54 货架图

（2）色彩要求（建议）：

①对比色组合形式。

②类似色组合形式。

③有彩色和无彩色组合形式。

（3）手法要求：

①重复法。

②对称法。

③均衡法。

（4）服装款式要求：选用图3-55要求的款式。

3.根据品牌季节陈列指引，完成新品整体货架陈列。

图3-55 服饰素材

任务1.5 中岛造型陈列

【思维导图】

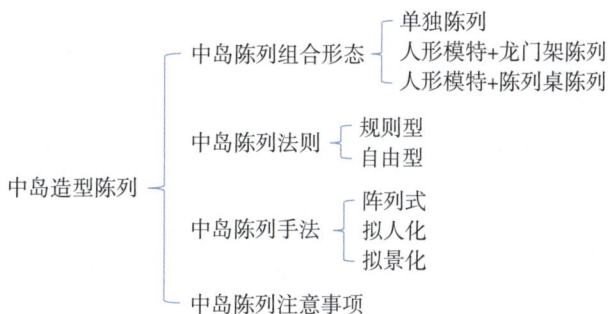

【任务导入】

某品牌新到一波货品，品牌陈列师要根据陈列季节指引完成店铺中岛货品陈列。

（一）知识目标

掌握中岛造型陈列技巧。

（二）技能目标

能完成中岛陈列。

（三）素质目标

（1）培养认识美、发现美、表现美的美学意识。
（2）具有良好的团队合作意识。

【知识学习】

中岛是相对于边场货柜/货架来说的，主入口中岛陈列是仅次于橱窗的第二个视觉焦点。有效的中岛陈列，可以向顾客快速传达服装信息吸引顾客，提高店面的整体视觉效果。

一、中岛陈列组合形态

中岛区域常用到的展示道具有人形模特、龙门架、陈列桌等，常用的组合形态有表3-11所示的3种。

表 3-11 中岛的组合形态

类别	陈列方式	目的	注意事项
单独陈列	单独使用挂架或陈列桌	突出品牌形象，展示商品主题风格，提升视觉效果，吸引通道客流的视线	货品的数量以及正挂、侧挂、叠装的货品选择
人形模特+龙门架陈列	挂架与人形模特的组合形式，人形模特一般多为站模		龙门架和人形模特身上货品的关联性
人形模特+陈列桌陈列	陈列桌与人形模特的组合形式，人形模特品种多样，有全身人形模特、半身人形模特、坐模、躺模等		空间感搭配和形式美法则的关联

二、中岛陈列法则

中岛陈列常用的构图主要有规则型和自由型两种。

（一）规则型

1. 三角形法

将货品和道具根据三角形的美学造型原理进行摆放与组合，使画面高低错落，更具有张力。同时，三角形构成也具备一定的聚焦性，可以将消费者的视线牢牢抓住，使消费者的注意力更加集中，常用于人形模特和中岛台的组合、中岛台陈列（图3-56、图3-57）。三角形构成包含正三角形构成、不等边三角形构成及倒三角形构成。

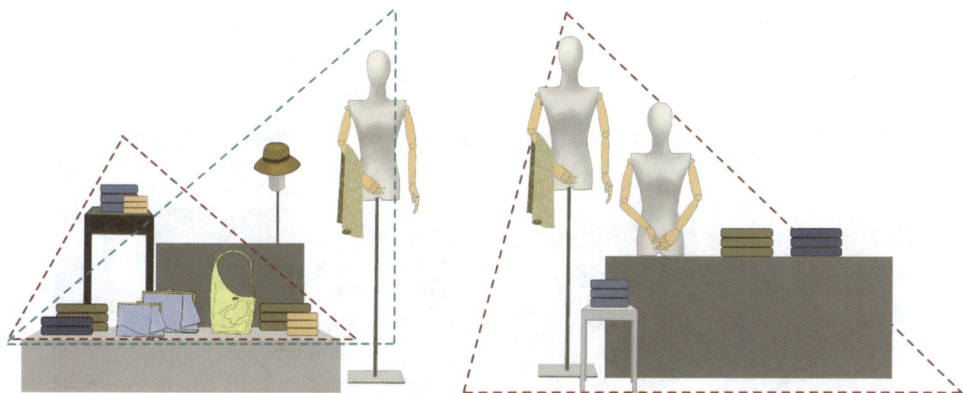

图3-56 利用人形模特和商品的高度差进行三角形构图陈列

图3-57 利用垫高台让商品分出高低位置的三角形构图陈列

2. 平行法

根据水平或垂直方向组合出相对平衡、规律的中岛台陈列法则。因水平与垂直的特性，给人一种平稳舒适、简约规矩的感觉，是休闲装常用的陈列手法（图3-58）。

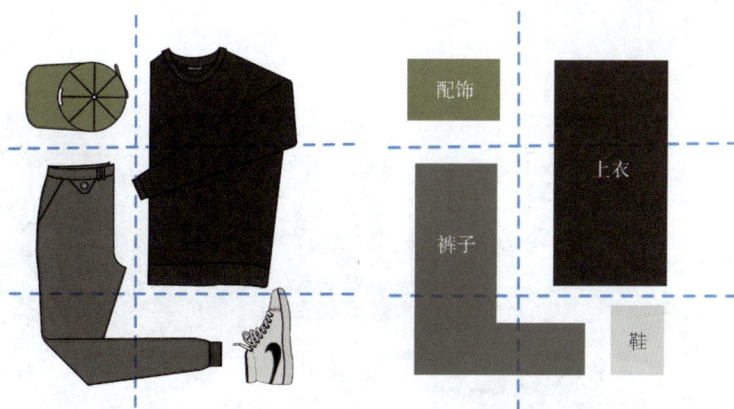

图3-58 水平排列

平铺形式可以让消费者更加近距离地接触商品，方便导购复原陈列，但是会有过于单调的视觉感，因此可以通过使用不同高度的流水台，来增加商品之间的层次，营造更立体的视觉感（图3-59）。

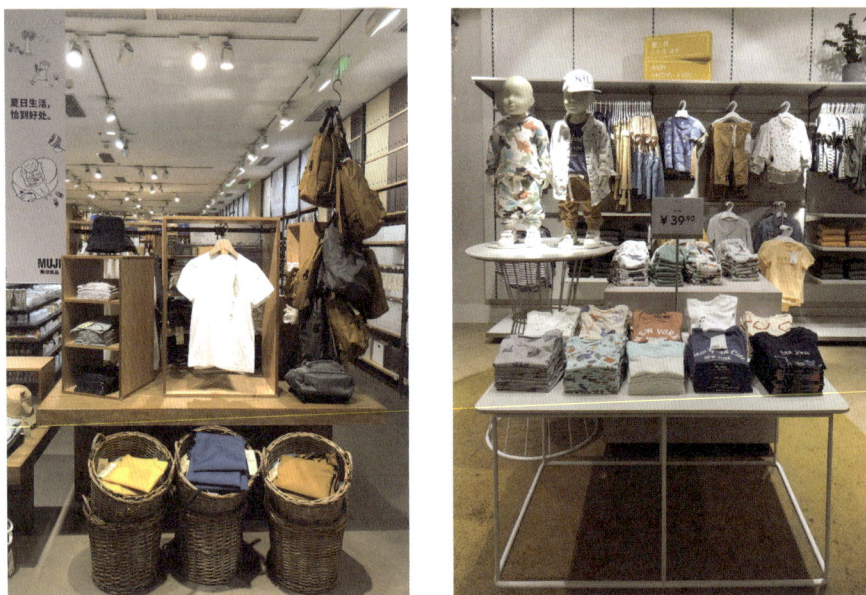

图3-59　平行法+不同高度的陈列桌组合

（二）自由型

道具和商品自由组合排列，无任何限制。自由型陈列赋予了中岛陈列自由、活泼等特性，带来了无限自由且富有想象力的空间。自由型的布置并非简单的随意摆放，它同样包含丰富的节奏变化，对颜色、明暗、体积大小等元素都需要进行精心地布置和陈列展示（图3-60）。

图3-60　自由型陈列

　　中岛的构成形式还有斜线构成、放射状构成等，在实际应用中，可结合多种形式灵活运用。丰富的内容、色彩与造型存在着不同美感，通过留白、对称、群组、对比、呼应、重复、节奏等陈列技巧进行搭配组合，能提升中岛陈列的视觉美感和意境。

三、中岛陈列手法

　　中岛常见的陈列布置手法有三种：阵列式中岛、拟人化中岛、拟景化中岛。

（一）阵列式

　　这种方式常见于小型店铺，应用不同的排列技巧和变化，布置排列出整齐规律的陈列造型和摆位，例如矩形、金字塔形等（图3-61、图3-62）。

图3-61　陈列桌阵列式中岛

图3-62　高低组合台阵列式中岛

（二）拟人化

通过陈列手法和技巧，将中岛人形模特与产品模拟为人穿着或佩戴时展现的造型。拟人化的中岛布置，接近顾客穿着与使用时保持的状态，有带入情景的体验感（图3-63）。在拟人化中岛中可以给人形模特们配一些滑板、风筝等生活中常见可以营造场景的道具，也可以利用垫高台去垫高其中一两个模特，形成层次感。

面积稍微大点的店铺还会使用人形模特加流水台的陈列方式，因为它的展示面丰富，可以放很多商品，形成场景感，容易促成成套购买。

图3-63　拟人化中岛陈列

（三）拟景化

通过模拟生活场景或布置制定氛围而营造出来的陈列造型（图3-64）。这种陈列方式可多展示商品组合，让顾客产生连带购买，也可用一些跟商品有关的氛围道具，比如相框、小人偶、书本之类的小物件，制造场景气氛，当然也要注意留白，物品太多，容易显得不够精致。

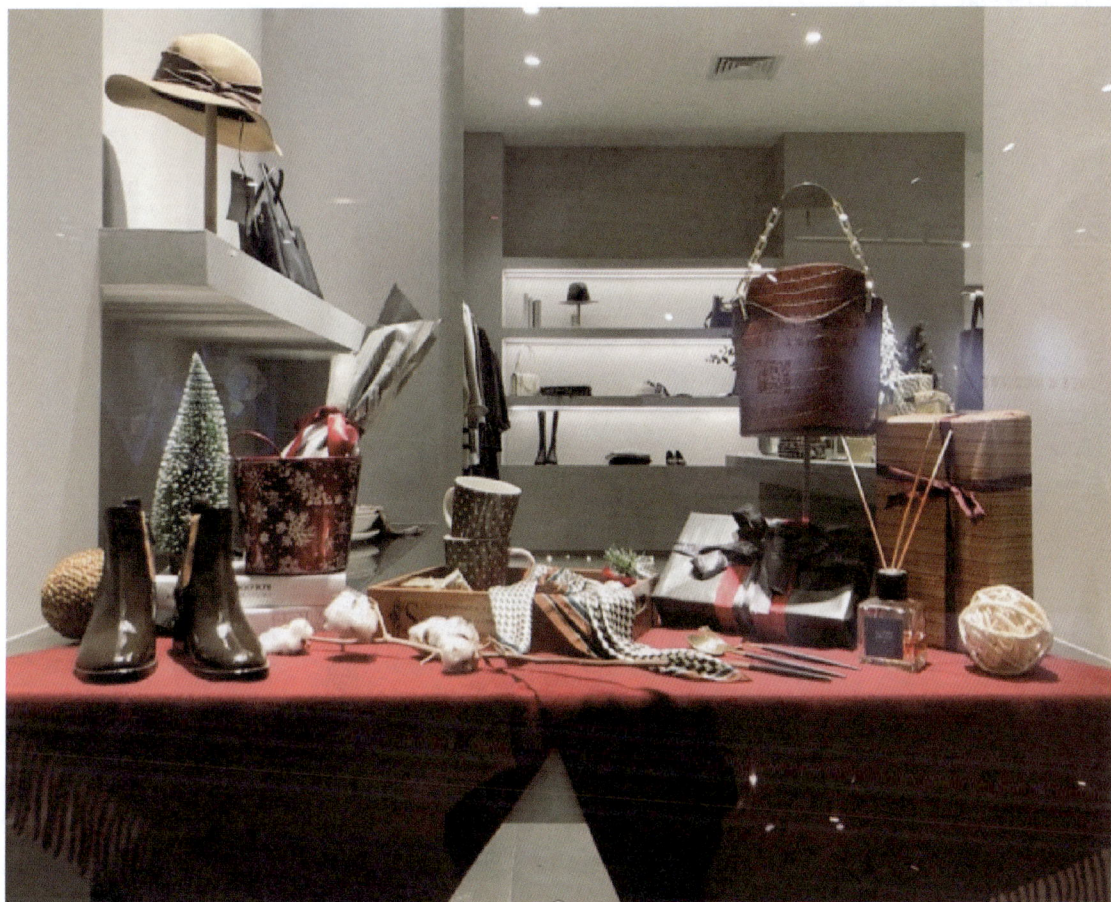

图3-64　拟景化中岛陈列

四、中岛陈列注意事项

（1）关联性。中岛服装款式的选择，要与附近的人形模特、挂通陈列的服装风格、颜色保持一致，或者同款不同色的出样。

（2）就近原则。中岛服装在附近一定要有相应的单品陈列，这是为了方便顾客可以快速拿取商品。

（3）搭配性。中岛台产品的展示一定要合理利用道具和配饰，通过合理的搭配，能很好地延续店铺的主题，自然地烘托商品的价值，尽可能多地提升连带销售率。

（4）中岛台款式陈列不要太拥挤，款式太多，容易影响陈列的美感。

（5）POP是流水台上很重要的陈列道具之一，具有极强的指引分类功能。同时也可以迅速给消费者传递近期的店铺活动，如打折或者新品上市。

（6）中岛区域的陈列货架与边场货架之间的距离最少不能小于60cm，成人的肩宽平均约在50cm，所以60cm刚好可以保证一个人正常通过。

【任务实施】

1. 根据图3-65了解店铺边场陈列与中岛陈列在店铺空间中的关系。

任务要求：

了解中岛陈列在店铺空间中的功能和作用。

图3-65　店铺局部陈列

2. 完成一组中岛商品陈列。具体任务流程如下。

准备阶段：

（1）明确任务目标。

（2）完成中岛陈列前期准备工作。

①完成服装商品的盘点。

②识别商品系列和波段。

③了解服装商品类型和特点。

④服装商品的吊挂和熨烫。

⑤识别陈列季节指引商品陈列设计意图。

⑥了解中岛位置及道具情况。

实施阶段：

（1）主推款模特服装搭配和陈列。

（2）容量区主推款挂装陈列。

（3）容量区搭配款叠装陈列。

收尾阶段：

（1）根据陈列规范、陈列构成手法、色彩组合规律调整陈列。

（2）根据季节指引处理产品陈列细节、配饰搭配。

（3）根据季节指引、波段主题等做陈列氛围。

（4）完成店铺整理。

任务要求：

（1）以单人形式完成任务。

（2）任务实施符合企业职业规范。

【任务评价】

任务评价考核表如表3-12所示。

表 3-12　任务评价考核表

评分任务	分值（总分100）	评价	评分标准
服饰搭配	30		49~0分：与形成性考核任务要求不一致 59~50分：基本符合任务要求，整体任务视觉呈现美观度欠佳 69~60分：符合任务要求，整体任务视觉呈现美观度一般 79~70分：符合任务要求，整体任务视觉呈现效果较好 90~89分：符合任务要求，整体任务视觉呈现效果好
构图法则	40		
陈列方式	20		
素质素养	10		5~0分：任务实施流程不符合职业规范 7~6分：任务实施流程基本符合职业规范，有一定的团队合作精神 10~8分：任务实施流程符合职业规范

【学习笔记】

【知识题库及答案】

（一）单选题

1. 平行法则指的是（ A ）。

A. 按水平或垂直，组合出相对平衡、规律的陈列面的排列方法

B. 依据道具造型进行陈列摆放的排列方法

C. 根据陈列面造型，进行自由摆放

D. 三角金字塔+高低错落

2. 中心货架通常都是陈列销量大的受欢迎的服装，如（ C ）或促销服装。

A. 应季　　　　　　B. 畅销　　　　　　C. 应季、畅销　　　　D. 特价

3. （ B ）常见于小型店铺，应用不同的排列技巧和变化，布置排列出整齐规律的陈列造型和摆位。

A. 拟人式中岛　　　B. 阵列式中岛　　　C. 场景式中岛

4. 中岛区域的陈列货架与边场货架之间的距离最少不能小于（ B ）。

A. 50cm　　　　　　B. 60cm　　　　　　C. 70cm　　　　　　D. 80cm

5. 中岛陈列中的水平法是根据水平与垂直的特性，给人一种平稳舒适、简约规矩的感觉，是（ A ）常用的陈列手法

A. 休闲装　　　　　B. 运动装　　　　　C. 正装

（二）多选题

1. 中岛主要构图法则有（ ABC ）。

A. 三角形法则　　　B. 平行法则　　　　C. 自由型法则

2. 中岛陈列组合形态有（ ABC ）。

A. 单独陈列　　　　　　　　　　　B. 人形模特+中岛架陈列

C. 人形模特+中岛台陈列

3. 中岛构成中的三角形构成包含（ ABC ）。

A. 正三角形构成　　　　　　　　　B. 不等边三角形构成

C. 倒三角形构成　　　　　　　　　D. 等边三角形构成

（三）判断题

1. 中岛陈列除了向顾客快速传达服装信息吸引顾客外，还能提高店面的整体视觉效果。（ √ ）

2. 陈列台款式的选择不一定要与附近的模特、挂通风格、颜色保持一致，看起来是一个系列的，或者同款不同色的出样，注意搭配性即可。（ × ）

3. 中心货架通常都是陈列销量大的受欢迎的服装，如应季、畅销或促销服装，一般是选用圆形或者方形的流水台服装货架陈列，同时还搭配POP广告道具使用，更能衬托店铺的整体销售气氛。（ √ ）

4. 流水台款式陈列不要太拥挤，款式太多，容易影响陈列的美感。（ √ ）

5. 自由型的布置就是随意摆放，不需要对颜色、明暗、体积大小等元素进行精心地布置和陈列展示。（ × ）

6.中岛服装在附近一定要有相应的单品陈列,这是为了方便顾客可以快速拿取商品。(√)

【操作技能题库】

1.分析图(图3-66)中运用了哪些陈列技巧和手法。

2.调研一家店铺,绘制店铺中一个中岛的平面图,说明该中岛陈列的手法,具体要求如下。

(1)标注说明中岛组合手法和组合形态。

(2)标注中岛长、宽、高尺寸。

(3)说明中岛陈列的服装款式是否与附近的人形模特、挂通陈列服装风格、颜色保持一致,看起来是一个系列的。

(4)说明陈列道具是否可以很好地延续店铺的主题。

3.利用虚拟品牌服装专卖店实训教学软件或绘图软件,完成中岛台陈列训练,作品以图片格式保存。

4.分析识别图3-67中的中岛形态。

图3-66　流水台陈列

图3-67　中岛陈列

要求：

（1）运用合理的色彩搭配方法，充分考虑服装风格、款式、色彩的搭配关系。

（2）陈列效果满足就近原则、关联性、拿取方便性、整体美观性的要求。

5.根据给定服装与道具，完成中岛陈列操作。

要求：

（1）选择一种陈列手法，结合一定的陈列法则。

（2）运用合理的色彩搭配方法，充分考虑服装风格、款式、色彩的搭配关系。

（3）陈列效果满足就近原则、关联性、拿取方便性、整体美观性的要求。

任务2　店铺陈列调整

任务2.1　单面墙陈列调整

【思维导图】

单面墙陈列调整 ┤ 单面墙陈列调整依据及实施要点
　　　　　　　　　 单面墙陈列要求

【任务导入】

某店铺波段上新，推出与国际著名玩具设计师联名系列。根据2020Q3-7A陈列标准完成单面墙陈列（图3-68、图3-69）。

图3-68　2020Q3-7A陈列标准1

图3-69　2020Q3-7A陈列标准2

（一）知识目标

（1）掌握单面墙陈列调整依据及实施要点。

（2）掌握单面墙陈列流程。

（二）技能目标

会根据陈列季节指引调整单面墙陈列。

（三）素质目标

（1）具有较强执行力。

（2）具有团队合作、敬业、爱劳动的职业素养。

【知识学习】

陈列调整是运用视觉化手段对品牌商品在店铺空间、时间、表达方式等相关因素进行资源整合，并有效地传达给消费者，使其适应市场客观环境和品牌经营目标。

陈列调整分为小调和大调，根据商品的销售数据及库存情况，通常一周一小调，两周一大调，目的是使每个款式都能得到合理的曝光，避免商品在生命周期内得不到适合的展示机会而产生库存，同时还可以带给顾客新鲜感，培养顾客对店铺及品牌的忠诚度，最终达到销售额的最大化。

一、单面墙陈列调整依据及实施要点

墙面陈列是店铺的主力销售区域，一般用作陈列主推系列货品。为保证墙面整体效果，一般单面墙只陈列同一个系列的产品。墙面陈列作为集中陈列区，货品的布局、容量、灯光、搭配都影响着消费者的行为，因此，墙面陈列是店铺陈列不容忽视的环节。

为保证店铺形象的完整及视觉常新，单面墙的陈列调整，几乎每天都会碰到。单面墙的陈列调整主要有如表3-13所示的几种原因。

表3-13　单面墙的陈列调整

序号	原因	实施要点	目的
1	主题更替	全面调整主题氛围道具和产品	迎合品牌营销计划
2	波段上新	更替波段产品，氛围道具部分调整	迎合品牌营销计划
3	主推调整	根据库存等情况，调整重点出样	迎合店铺营销计划
4	常规调整	1. 调整产品系列 2. 调整陈列面形态	保持店铺货品常换常新的视觉感受
5	季末调整	1. 增加PP陈列，减少IP陈列 2. 采用加厚叠装法	保持墙面陈列饱满形象

二、单面墙陈列要求

1. 同一墙面应注意上下装搭配，利于提高客单价。

2. 货架上方的灯光应根据陈列标准照射在相应货品上。

3. 墙面陈列要考虑和相邻墙面中货品色彩、风格、长短的协调性。

4. 墙面中的正挂基本是出现在侧挂的旁边，这就决定了正挂和侧挂不可忽视的关系，正挂出样的服装应该可以在侧挂中找到。

【任务实施】

（一）任务准备

（1）分解任务，明确任务目标。

（2）完成商品陈列前期准备工作。

①完成服装商品的盘点。

②识别商品系列和波段。

③了解服装商品类型和特点。

④完成道具清点。

⑤服装商品的吊挂和熨烫。

（二）任务实施（图3-70）

（1）确定商品陈列区域。

（2）卸下、整理货杆原有服装及道具。

（3）选择和墙面匹配的海报。

（4）根据陈列季节指引将海报挂在墙面居中处。

（5）根据季节指引完成正挂陈列。

（6）根据季节指引完成侧挂陈列。

（7）根据陈列季节指引搭配陈列服饰品。

（8）根据陈列季节指引将公仔陈列于墙面的右侧。

（9）根据季节指引将地贴贴于立体公仔一侧。

（10）根据季节指引完成服装搭配整理。

（三）任务收尾

（1）完成换下服装的陈列调整。

（2）完成店铺整理。

图3-70　单面墙陈列完成

【任务评价】

任务评价考核表如表3-14所示。

表3-14　任务评价考核表

评分任务	分值 （总分100）	内容	评分要求	自评	教师评分
商品整理	30	1.完成服装商品的盘点 2.识别商品系列和波段 3.了解服装商品类型和特点 4.完成道具清点 5.服装商品的吊挂和熨烫	每项分值6分，其中每项具体细化分值： 1.能很好完成相应任务　（6） 2.能较好完成相应任务（4.8） 3.能基本完成相应任务（3.6） 4.较差完成相应任务（1.8） 5.不能完成相应任务　（0）		

续表

评分任务	分值 （总分100）	内容	评分要求	自评	教师评分
陈列调整	60	1. 确定商品陈列区域 2. 卸下、整理货杆原有服装及道具 3. 选择和墙面匹配的海报 4. 根据陈列季节指引将海报挂在墙面居中处 5. 根据季节指引完成正挂陈列 6. 根据季节指引完成侧挂陈列 7. 根据陈列季节指引搭配陈列服饰品 8. 根据季节指引将公仔陈列于墙面的右侧 9. 根据季节指引将地贴贴于立体公仔一侧 10. 根据季节指引完成服装搭配整理	每项分值6分，其中每项具体细化分值： 1. 能很好完成相应任务 （6） 2. 能较好完成相应任务 （4.8） 3. 能基本完成相应任务 （3.6） 4. 较差完成相应任务 （1.8） 5. 不能完成相应任务 （0）		
素质素养	10	1. 操作规范、安全，达到预期目标 2. 能根据店铺实际灵活替换货品	每项分值5分，其中每项具体细化分值： 1. 能很好达到要求 （5） 2. 能较好达到要求 （4） 3. 能基本达到要求 （3） 4. 要求达成度欠佳 （1.5） 5. 不能达到要求 （0）		

【学习笔记】

【知识题库及答案】

（一）多选题

1.店铺单面墙调整的原因有（ ABCD ）。

A. 墙面陈列货品减少　　　　　　B. 较长时间没有上新

C. 主题调整　　　　　　　　　　D. 主推调整

2.店铺单面墙调整的方案有（ ABCD ）。

A. 增加PP陈列面，减少IP陈列

B. 调整墙面形态

C. 调整系列

D. 整体更换墙面POP、道具及系列服装等

（二）判断题

1.进行单面墙陈列的主题调整时，主要的实施方法是整体更换墙面POP、道具及系列服装等。（ √ ）

2.在进行单面墙陈列调整时，如果遇到陈列货品减少原因，我们运用的主要方法是增加IP陈列面，减少PP陈列。（ × ）

3.墙面陈列要考虑相邻墙面中货品色彩、风格、长短的协调性。（ √ ）

【操作技能题库】

1.店铺陈列产品不足，请根据店铺实际情况，调整店铺单面墙。

规范流程：

（1）盘点目前重点陈列、正挂陈列库存数据。

（2）整理数据，选出断码的款式，准备转为侧挂点或者立即补货。

（3）将风格、色系相仿的同品类商品用于替换断码的重点陈列、正挂陈列。

（4）重新搭配替换后的重点陈列、正挂陈列商品，并进行陈列。

（5）将被替换掉的重点陈列、正挂陈列商品陈列在合适的位置。

（6）细节调整。

要求：

（1）陈列规范到位。

（2）陈列形态运用合理。

（3）运用合理的色彩搭配方法，充分考虑服装风格、款式、色彩的搭配关系。

（4）陈列效果满足款式多样性、种类有序性、拿取方便性、整体美观性。

2.店铺主推产品更替，请调整单面墙陈列。

要求：

（1）陈列规范到位。

（2）陈列形态运用合理。

（3）运用合理的色彩搭配方法，充分考虑服装风格、款式、色彩的搭配关系。

（4）陈列效果满足款式多样性、种类有序性、拿取方便性、整体美观性。

3.店铺新波段上新，请根据陈列季节指引，调整单面墙陈列。

要求：

（1）陈列规范到位。

（2）陈列形态运用合理。

（3）运用合理的色彩搭配方法，充分考虑服装风格、款式、色彩的搭配关系。

（4）陈列效果满足款式多样性、种类有序性、拿取方便性、整体美观性。

4.调整单面墙陈列形态。

要求：

（1）陈列规范到位。

（2）陈列形态运用合理。

（3）运用合理的色彩搭配方法，充分考虑服装风格、款式、色彩的搭配关系。

（4）陈列效果满足款式多样性、种类有序性、拿取方便性、整体美观性。

任务2.2　中岛陈列调整

【思维导图】

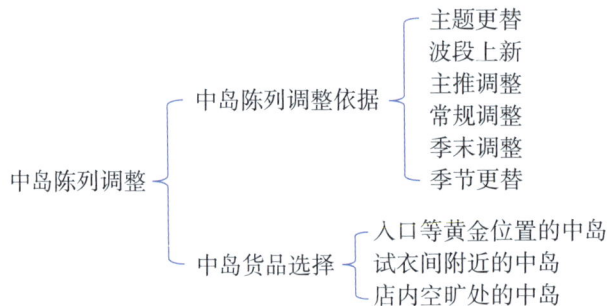

【任务导入】

周末，某店铺生意兴隆，经过大半天的营业，主入口中岛服装陈列显得七零八落，且有几款主推服装库存已经不多。店长请陈列助手帮忙，调整中岛陈列。

（一）知识目标

（1）掌握中岛陈列调整依据及实施要点。

（2）了解不同中岛位置货品选择。

（3）掌握中岛陈列调整流程。

（二）技能目标

能根据不同陈列要求完成相应中岛陈列调整。

（三）素质目标

（1）培养举一反三的能力。
（2）具有良好的团队合作意识及珍惜劳动成果、严守企业信息的职业道德。

【知识学习】

中岛区域是店铺的黄金区域，营造中岛区域的视觉氛围很重要，但是根据季节、流行趋势及店铺运营实际等的改变，相应地改变中岛商品陈列也很重要，这需要我们时刻保持应变能力，及时调整陈列，从而保证店铺形象完整、销售信息的及时传达。

一、中岛陈列调整依据

中岛陈列主要原因是店铺动态销售情况变化及品牌年度营销计划推进（品牌波段上新、季节更替、节假日主题陈列等），具体详见表3-15。

表3-15　中岛陈列调整的依据

序号	类别	实施要点	目的
1	主题更替	撤换原中岛道具及所有商品，重新根据季节指引/活动指引陈列中岛	告知新品上货/节日活动消息
2	波段上新	撤掉原中岛货品，根据季节指引陈列新品，氛围道具部分调整	告知新品上市消息
3	主推调整	1. 根据库存等情况，调整重点出样 2. 根据重点出样，调整关联产品出样	迎合店铺营销计划
4	常规调整	1. 与店铺其他货品轮换陈列位置 2. 调整中岛陈列形态	保持店铺新鲜感
5	季末调整	部分调整中岛货品，保持产品色系、系列不变	保持中岛货架陈列形象饱满
6	季节更替	调整陈列形态和色调，尽量减少店内环境与自然环境的反差	促进季节（节日）性商品的销售

二、中岛货品选择

（一）入口等黄金位置的中岛

入口等黄金位置的中岛陈列组合，也被称为"店铺的第二橱窗"，一般陈列引流款、畅销款、最新款等，并且会模拟生活场景进行主题式陈列，是吸引顾客进店选购的一个重要的组成部分（图3-71）。

图3-71　门口黄金位置的中岛流水台

（二）试衣间附近的中岛

首先，试衣间靠近休息区，消费者在试衣的时候有时会有陪同人员，试衣时间陪同人员可能产生浏览商品行为。其次，试衣间是最容易打动消费者的地方，只要产品搭配得好，让消费者看到上身效果，顾客很容易产生购买意愿，更容易成交，所以在试衣间附近一般陈列高单价款、追单款、搭配性较好的款式。

（三）店内空旷处的中岛

店内空旷处的中岛是最常用的中岛，一般会陈列断码款、滞销款、过季款、打折款等，起到填充空白或者储存的作用，属于满足顾客试穿或购买所需要的某件产品的容量陈列。如果是规格较高的店铺，该中岛往往和就近高柜形成区块，与高柜一起陈列同系列产品，形成统一的系列区域、主题区、品类区等（图3-72）。

图3-72　店内空旷处的中岛

【任务实施】

1.根据品牌店铺中岛实际，识别中岛陈列组合类型和货品选择。

任务要求：

（1）识别中岛组合类型。

（2）识别货品类别。

2.根据品牌店铺中岛实际，识别陈列规范及产品。

任务要求：

（1）识别陈列形态、陈列规范。

（2）识别系列货品主题、设计要点等。

3.根据品牌陈列季节指引和店铺实际，完成中岛陈列调整。具体任务流程如下。

准备阶段：

（1）分解任务，明确任务目标。

（2）完成中岛陈列调整前期准备工作。

①了解中岛陈列展示现状，以及缺失款式统计。

②查询系列商品库存。

③了解系列商品库存数量和款式特色。

④根据库存情况，完成系列产品主推款、热销款、冷门款、打折款分类。

⑤确定补货款式。

实施阶段：

（1）撤换库存少的款式。

（2）根据季节指引和店铺实际，补充同系列、同色系产品。

收尾阶段：

（1）根据季节指引处理产品陈列细节、配饰搭配。

（2）根据季节指引、波段主题等调整陈列氛围。

（3）完成店铺整理。

任务要求：

（1）以小组形式完成任务，每组3~4人。

（2）任务实施符合企业职业规范。

【任务评价】

任务评价考核表如表3-16所示。

表 3-16　任务评价考核表

评分任务	分值 （总分100）	评分标准	自评	教师 评价
陈列规范	20	49~0分：与形成性考核任务要求不一致 59~50分：基本符合任务要求，整体任务视觉呈现美观度欠佳		
货品选取	30	69~60分：符合任务要求，整体任务视觉呈现美观度一般		
陈列效果	40	79~70分：符合任务要求，整体任务视觉呈现效果较好 90~80分：符合任务要求，整体任务视觉呈现效果好		
素质素养	10	5~0分：任务实施流程不符合职业规范 7~6分：任务实施流程基本符合职业规范，有一定的团队合作精神 10~8分：任务实施流程符合职业规范，有团队合作精神		

【学习笔记】

【知识题库及答案】

（一）单选题

1.下列不是流水台别称的是（　A　）。

A.收银台　　　　　　B.陈列桌　　　　　　C.陈列台

2.（ A ）也被称为"店铺的第二橱窗"。

A. 入口等黄金位置的中岛　　　　　　B. 试衣间附近的中岛

C. 店内空旷处的中岛

3.（ A ）一般陈列引流款、畅销款、最新款等，并且会模拟生活场景进行主题式陈列，是吸引顾客进店选购的一个重要组成部分。

A. 入口等黄金位置的中岛　　　　　　B. 试衣间附近的中岛

C. 店内空旷处的中岛

4.（ B ）一般陈列高单价款、追单款、搭配性较好的款式。

A. 入口等黄金位置的中岛　　　　　　B. 试衣间附近的中岛

C. 店内空旷处的中岛

（二）多选题

1. 中岛陈列调整的原因有（ ABCDE ）。

A. 部分补货　　　　B. 波段上新　　　　C. 货品更换　　　　D. 主题更替

E. 季节更替

2. 店内空旷处的中岛一般会陈列的商品有（ ACD ）。

A. 断码款　　　　B. 畅销款　　　　C. 过季款　　　　D. 打折款

（三）判断题

试衣间附近的中岛一般会陈列高单价款、追单款、搭配性较好的款式。（ √ ）

（四）分析题

1. 以品牌为例，陈述品牌终端中岛陈列。要求说明如下：

（1）中岛位置及货品选择。

（2）该中岛作用。

（3）中岛陈列规范。

（4）中岛陈列形态和手法、陈列构成。

（5）该中岛陈列调整实施要点。

答案示例：UR是国内快时尚品牌，服装简洁大方，中低价位，这种服饰风格其实是一种以爆款跑量性质做业绩的店铺风格。店铺面积大，装修到位，产品价格低廉，店铺运营为无导购式卖场，库存管理非常到位，款式跟随潮流。由于店铺面积大，中岛陈列是其陈列设计的一个重点。既能起到动态引导线的作用分割店内区域，同时又能兼顾货品陈列，是终端陈列的一个重要组成。其中可以包含单独陈列、人形模特+中岛架陈列和人形模特+中岛台陈列。每个系列商品的数量是有限的，但通过更新库存，商品的轮换摆放，每天都给人耳目一新的感觉，这是预先展示计划的良好效果。顾客们在店内不由地四顾环盼，感到商店仿佛永远在更新。

2. 试析试衣间附近的中岛陈列要点。

【操作技能题库】

1. 根据图3-73所示店铺平面图，了解中岛陈列在不同位置起到的不同作用。

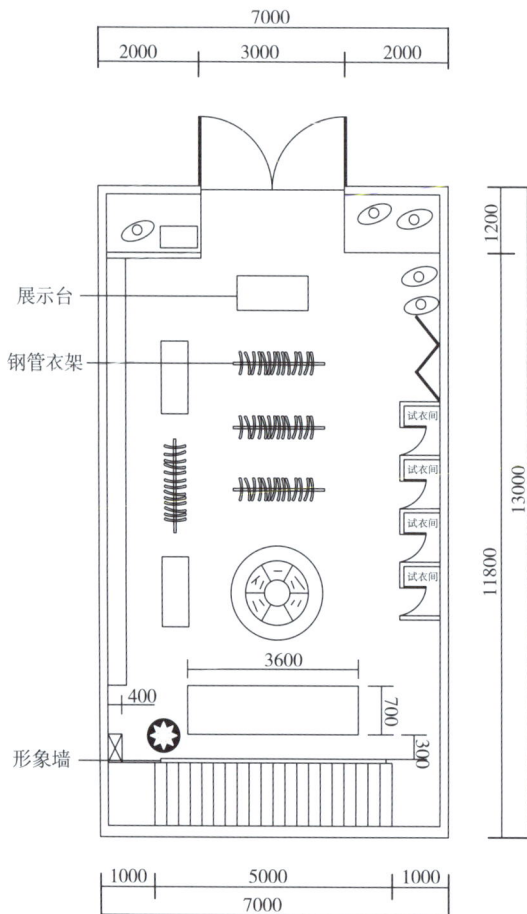

一层平面布置图1:100

图3-73 店铺平面图

2. 分析图3-74中的中岛陈列与高柜的关系。

任务要求：

识别中岛的位置，说出其与高柜的关系并说明注意事项以及分析其作用。

图3-74 陈列季节指引图

3. 根据店铺实际，调整主入口中岛陈列。

要求：

（1）符合品牌店铺陈列规范。

（2）符合品牌季节指引要求。

（3）陈列效果满足就近原则、关联性、拿取方便性、整体美观性的要求。

任务2.3　全场陈列调整

【思维导图】

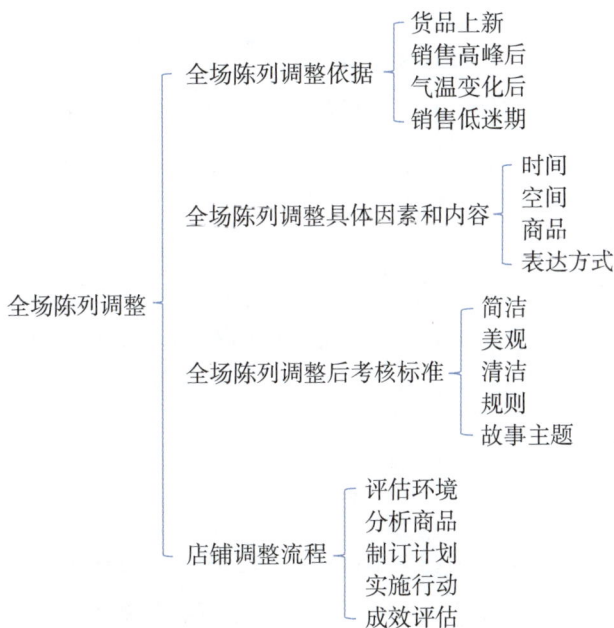

【任务导入】

10月1日，某城市温度骤降，店长要求陈列执行根据天气和店铺实际情况调整店铺。

（一）知识目标

了解店铺调整依据、调整流程和考核标准。

（二）技能目标

根据不同陈列要求完成相应的全场店铺调整。

（三）素质目标

（1）培养举一反三的能力。
（2）具有良好的团队合作意识及珍惜劳动成果、严守企业信息的职业道德。

【知识学习】

一、全场陈列调整依据

当店铺做完首次陈列之后，商品陈列需要定期或者按照店铺状态的变化而及时调整，从而维护店铺视觉形象，增强店铺的新鲜度，起到最大程度吸引顾客的作用。具体调整的频率根据店铺的上货频率、销售状况、天气等因素决定的。

（一）货品上新

店铺在商品上新波段时一般都会做陈列调整，一是可以满足新品及时上架的需要，二是可以将新上架商品和已上架商品进行合理的搭配。货品上新时会按照新品主推搭配来确定人形模特和正挂款式，将新产品陈列在显眼的区域。

（二）销售高峰后

当高销售期结束后（如周六、周日、节假日或者店铺大型活动后等），店铺的陈列以及产品的库存会发生较大的变化，可能会出现主推款断码或者单品缺货状况，这时也是对店铺陈列进行局部调整的时间节点。店铺在及时做出补货申请的同时，将断色断码商品或者主推款式进行款式替代陈列。

（三）气温变化后

气温的变化是服装产品进行陈列调换的另外一大因素，温度的变化意味着消费者需求将发生变化，此时需要根据气温变化程度结合当前主推产品对陈列进行调整，着重展示适合当前温度同时款式又适合主推的产品。例如秋季气温突然降低，许多消费者需要购买厚款的服装，这时可以将厚款服装进行重点陈列。

（四）销售低迷期

当之前人形模特或者点挂上的款式市场反应不佳，或者店铺销售低迷时，需要检查当前的店铺陈列是否符合当前消费者穿着需要，同时在款式颜色方面是否需要更新等，重新选择一批主推款进行陈列调换，以增加店铺陈列新鲜感。

一般情况下，服装行业终端店铺的陈列需要每周一小调、两周一大调。小调整包括点挂、侧挂和人形模特出样，即便没有上新货，也可以通过这些陈列调整增加店铺的新鲜感。两周一大调的调整内容与上新货时的调整相似，销售两周后，货品的库存会有很大变化，这时可能很多款式缺色断码，或者一些款式即便放在好的位置也不畅销，随着补货以及库存的变化，此时可以结合销售和具体库存情况对店铺产品进行重新规划陈列。

二、全场陈列调整具体因素和内容

相较于边场货架和中岛陈列调整，全场陈列调整要更系统，考虑的因素和内容也更加复杂，具体如表3-17所示。

表 3-17 店铺调整具体因素和内容

序号	因素	内容
1	时间	商品生命周期、季节、波段、商场活动计划、节假日
2	空间	店铺空间、店铺分区、客流动线
3	商品	商品结构、商品分类、商品库存等
4	表达方式	陈列手法、陈列构成等

三、全场陈列调整后考核标准

在店铺陈列调整后，从远处（至少一米以外）来观察整个卖场是否色彩和谐，在整个卖场中色彩的和谐是最主要的。检查橱窗以及场内人形模特搭配和点挂的搭配是否正确，整形夹的使用是否到位，人形模特的摆位和朝向是否合理，检查灯光是否到位。检查货架上的数量是否合适，色彩的和谐度，上下装的搭配是否合理，吊牌是否外露。检查饰品陈列，利用陈列的形式美法则检查是否美观、大方，做到整齐、简洁、大气，符合品牌的要求。再次站到店铺一米外观察整体店铺的和谐度，并且拍照记录，最好在调整之前拍照进行对比，形成卖场陈列的记录，作为以后调整店铺陈列的依据。最后还需在陈列后再次统计进店率、试穿率、成交率，与其他时期相比较，判断陈列是否达到预期要求（表3-18）。

表 3-18 全场陈列调整标准及内容

序号	标准	内容
1	简洁	1. 店铺空间整体布局合理 2. 店铺货品布局清晰并易选择 3. 视觉信息传达易看懂
2	美观	1. 陈列手法有规律 2. 形态、色彩组合有艺术感
3	清洁	店铺环境干净、整洁
4	规则	符合品牌陈列规范
5	故事主题	店铺主题明确，丰富生动

四、店铺调整流程

店铺调整流程如表3-19所示。

表 3-19　店铺调整流程

序号	流程	内容
1	评估环境	1. 市场定位相关因素评估：商圈、商场、店铺级别 2. 店铺整体陈列氛围评估：整体视觉主题、店铺形态、器架组合现状、道具运用状况、店铺环境 3. 店铺客流构成评估：客流方向、客流构成、节假日客流时段、消费者消费心理和行为
2	分析商品	1. 商品主题分析：商品整体构成、当季商品主题、系列波段分析、当季商品的主题色、款式搭配组合现状 2. 商品销售分析：商品销售排名、库存、生命周期、市场推广计划、促销计划
3	制订计划	陈列区域界定：各陈列区域重点、次重点等界定、主题区域界定
4	实施行动	1. 商品陈列安置：同主题/系列/波段/色系商品归类、不同销售计划的商品归类 2. 各货区展示货架的调整及手法分析：正面出样、层板展示、流水台展示、人形模特出样等 3. 灯光调整
5	成效评估	1. 现场陈列评估：店铺员工评价、顾客销售行为、销售情况变化（进店率、试衣率、成交率统计） 2. 一周后整体的评估：销售情况、重点出样商品的表现

【任务实施】

根据店铺实际情况和陈列季节指引，完成店铺陈列调整操作。具体任务流程如下。

（一）准备阶段

（1）分解任务，明确任务目标。

（2）完成店铺调整前期准备工作。

①观察销售数据及库存数据，统计各品类销售同比上周的增减数据。

②结合商品销售数据和库存情况，确定主推商品。

③结合天气情况，重新规划各品类、风格、色系的陈列区域（参考商品生命周期）。

（二）实施阶段

（1）确定各品类主推款式的位置。

（2）根据季节指引，完成产品印象陈列空间、主要陈列空间、搭配陈列空间分类和配置。

（3）根据主推款式VP、PP点的位置，确定IP点商品，并对整体卖场进行陈列。

（4）根据陈列现状，调整灯光。

（三）收尾阶段

（1）整体细节微调、美化。

（2）店铺整理。

（四）任务要求

（1）以小组形式完成任务，每组3~4人。

（2）任务实施符合企业职业规范。

【任务评价】

任务评价考核表如表3-20所示。

表 3-20 任务评价考核表

评分任务	分值（总分100）	评价条件	评分要求（分值）	自评	教师评价
店铺分析	10	能够完成销售数据分析	1. 能完成销售数据分析 （10） 2. 不能完成销售数据分析 （0）		
店铺分区	20	1. 能根据销售数据确定主推商品 2. 能根据天气情况和季节指引完成货品分区	每项分值10分，其中每项具体细化分值： 1. 能很好完成任务 （10） 2. 能较好完成任务 （8） 3. 基本完成任务 （6） 4. 完成任务较差 （3） 5. 不能完成相应任务 （0）		
货品陈列（货品上新、销售高峰后、气温变化后、销售低迷期）	60	1. 完成产品印象陈列空间陈列 2. 完成主要陈列空间陈列 3. 搭配陈列空间分类和配置	每项分值20分，其中每项具体细化分值： 1. 能很好完成任务 （20） 2. 能较好完成任务 （16） 3. 基本完成任务 （12） 4. 完成任务较差 （6） 5. 不能完成相应任务 （0）		
素质素养	10	1. 有一定标准意识 2. 有举一反三的能力	每项分值5分，其中每项具体细化分值： 1. 素养好 （5） 2. 有较好素养 （4） 3. 有基本素养 （3） 4. 素养较差 （1.5） 5. 没有相应素养 （0）		

【学习笔记】

【知识题库及答案】

（一）多选题

1. 以下哪几种情况需要对店铺进行陈列调整。（ ABCD ）。

A. 货品上新　　　　B. 销售高峰后　　　　C. 销售低迷期　　　　D. 气温变化后

2. 判断陈列调整后的陈列是否达到预期，可以用以下哪几个数据?（ ABC ）。

A. 进店率　　　　　B. 试穿率　　　　　C. 成交率

3. 以下属于店铺整体陈列氛围评估的有（ ABCD ）。

A. 器架组合现状　　　　　　　　　　　B. 整体视觉主题

C. 店铺环境　　　　　　　　　　　　D. 道具运用状况

4. 市场定位相关因素评估包括以下哪些方面。（ ABC ）。

A. 商圈　　　　　　B. 商场　　　　　　C. 店铺级别　　　　　　D. 客流构成

（二）判断题

1. 店铺在商品上新波段时一般都会做陈列调整，一是可以满足新品及时上架的需要，二是可以将新上架商品和已上架商品进行合理的搭配。（ √ ）

2. 相较于单面墙陈列和中岛陈列调整，全场陈列调整要更系统，考虑的因素和内容也更加复杂。（ √ ）

3. 周六、周日、节假日或者店铺大型活动后等，不属于对店铺陈列进行局部调整的时间节点。（ × ）

【操作技能题库】

1. 某店铺新品上市，请根据陈列季节指引和店铺实际，调整店铺。

实施流程：

（1）新品梳理。

（2）参考环比销售数据确定需要上架的商品（品类、SKU数量）。

（3）结合卖场现有的货品情况进行合理的货品结构调整。

（4）规划品类、风格、色系的区域划分（参考商品生命周期）。

（5）商品下架（衰退期之后的商品）。

（6）剩余商品的陈列区域调整（空出导入期商品区域）。

（7）导入期新品区域的陈列。

（8）整体细节微调、美化。

（9）店铺整理。

2. 五一黄金周，某店铺新品上市，请根据店铺实际情况调整店铺。

工作领域四　橱窗基础陈列

任务 1 橱窗认知

【思维导图】

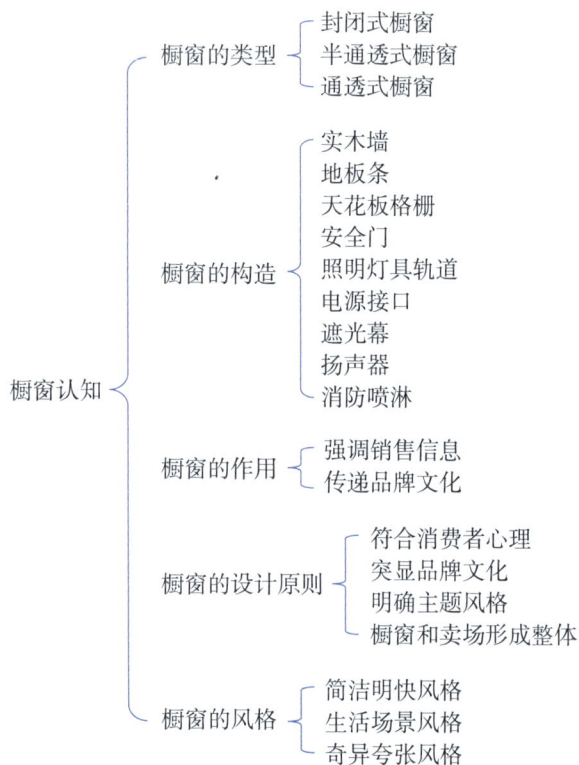

橱窗认知
- 橱窗的类型
  - 封闭式橱窗
  - 半通透式橱窗
  - 通透式橱窗
- 橱窗的构造
  - 实木墙
  - 地板条
  - 天花板格栅
  - 安全门
  - 照明灯具轨道
  - 电源接口
  - 遮光幕
  - 扬声器
  - 消防喷淋
- 橱窗的作用
  - 强调销售信息
  - 传递品牌文化
- 橱窗的设计原则
  - 符合消费者心理
  - 突显品牌文化
  - 明确主题风格
  - 橱窗和卖场形成整体
- 橱窗的风格
  - 简洁明快风格
  - 生活场景风格
  - 奇异夸张风格

【任务导入】

入职第一天，为了让小张更好地了解公司品牌陈列风格，陈列部门经理要求小张调研本公司品牌橱窗风格。

（一）知识目标

了解橱窗内部的构件组成，橱窗的类型、作用及橱窗设计原则。

（二）技能目标

具备辨析橱窗的类型、设计风格的能力。

（三）素质目标

培养学习独立性、主动性及良好的探究精神。

【知识学习】

橱窗集中品牌或店铺中最敏感的信息，具有直观展示的效果，是店面的"眼睛"，是店铺内商品"精英"的展示舞台，其无声的导购语言、含蓄的导购方式也是其他营销手段无法代替和比拟的。

一、橱窗的类型

根据构件的完整程度，橱窗分为封闭式橱窗、半通透式橱窗、通透式橱窗三种类型。

（一）封闭式橱窗

封闭式橱窗的主要构件都很完整，装有壁板与店堂隔开，四面封闭，形成单独空间。一面安装或多面安装玻璃，隔绝装置的一侧安装可以进行展品调整的暗门，供陈列展示设计人员出入使用。通常在其顶部留有充足的散热孔或通风设备，调节内部温度，延长橱窗使用寿命，保护陈列的商品。封闭式橱窗比较适合有大空间的商场，容易营造气氛，体现故事的完整性。一般来说，橱窗的宽度要与卖场的整体协调，深度和高度要利于商品的陈列，符合消费者的视觉习惯（图4-1、图4-2）。另外，橱窗底部要高出人行道30~60cm，以行人的平视线角度为基准，结合卖场的实际规模而定。

图4-1　封闭式橱窗1　　　　　　　　　　　　图4-2　封闭式橱窗2

（二）半通透式橱窗

橱窗与店铺采用各种分割形式，形成半通透的效果，使橱窗和店内既有隔断，又有联系，透中有隔，隔而不堵。背板和侧板采用半隔绝、半通透的材料、如喷砂玻璃、半透明的塑料、带镂空花纹的板材等。顾客既可以从店外观看橱窗陈列和店内情形，又可在店内观看到橱窗内商品，使橱窗展示与店内外环境相融，虚实结合（图4-3、图4-4）。半通透式橱窗能够较好地兼顾橱窗和店铺的展示效果，使用范围较广，实施方法灵活多样。

图4-3　半通透式橱窗实例1

图4-4　半通透式橱窗实例2

（三）通透式橱窗

通透式的橱窗没有背板，直接与卖场空间相通，顾客可以直接透过玻璃将店内情况尽收眼底。这种形式对于显示店铺、展示商品、吸引顾客均具有特殊作用。通透式橱窗在设计实施上具有两面性：一方面是难度较大，要求店面与橱窗无论在色彩、结构还是货品展示方面，都能形成统一完美的画面；另一方面是基于店铺的完美设计，无须用其他物品做过多的修饰，因此简单易操作（图4-5、图4-6）。

图4-5　通透式橱窗1

图4-6　通透式橱窗2

二、橱窗的构造

从空间来说，橱窗一般由底部、顶部、背板、侧板4个部分组成。从构造上来讲，一个合理的橱窗主要由表4-1所示9个部分组成（图4-7）。

表4-1　橱窗的构造

序号	构造	作用
1	实木墙	实木背景墙形成橱窗陈列的背景幕，加上侧墙，可以粉刷、覆盖并且禁得住钉子或螺钉，以便和橱窗方案相搭配
2	地板条	用中密度纤维板、可拆装式地板条容易拆除，握持钉子或螺钉的效果好，也容易用织物或者PVC材料覆盖。改换橱窗的地面材料能让陈列的整体效果大变样。有些橱窗也会用固定地板，每次改变橱窗方案时地板不做改变或重新油漆一下
3	天花板格栅	用金属格栅做天花板，可以在格栅上悬挂广告旗帜、小道具甚至人形模特衣架

序号	构造	作用
4	安全门	封闭式橱窗中，隐蔽式的门不仅能进出橱窗，也有利于保护贵重商品。门的理想位置最好开在侧墙，否则会对橱窗陈列的效果有影响
5	照明灯具轨道	安装轨道装置，方便调整照明角度与方式增加了橱窗的吸引力
6	电源接口	电源接口隐藏在两侧靠近橱窗玻璃处既不容易被发现，还能制造声、光、动态气氛
7	遮光幕	遮光幕能遮挡布置或拆除橱窗陈列时的混乱
8	扬声器	视觉陈列师布置橱窗时可能把自己锁在里面，扬声器可以让陈列师同外界保持联系
9	消防喷淋	错误的配线或过热的照明设备都可能导致事故发生。全套有效的喷淋系统将防止火灾的发生

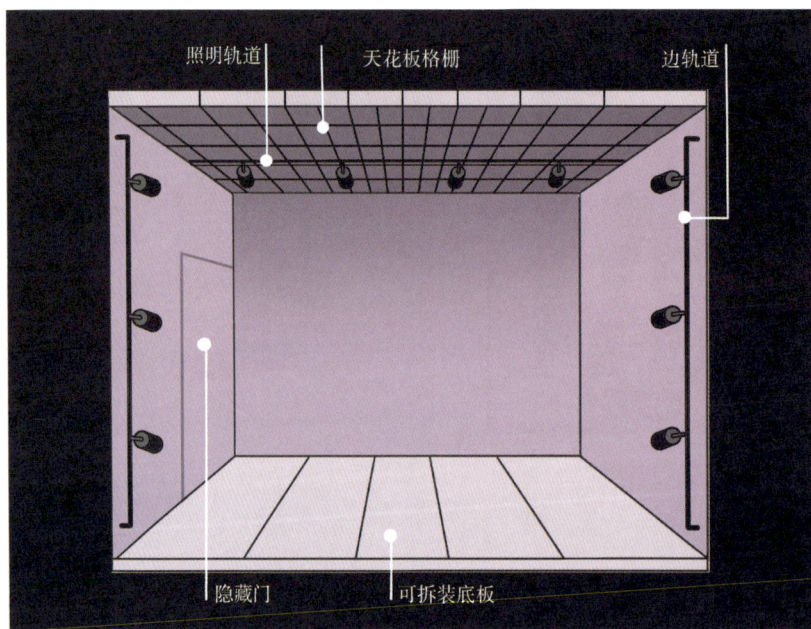

图4-7　橱窗构造

三、橱窗的作用

（一）强调销售信息

　　强调销售信息旨在对商品本身信息进行强化宣传。采用较直接的宣传方式，用尽可能直白的语言表达商品值得购买。经常结合打折、新品、节日促销等经济手段，表现内容倾向于结合商品展示价格、款式、颜色等，使顾客看得明白、理解迅速，激发进店购买的欲望（图4-8、图4-9）。常见于中低档品牌，比较针对价格敏感型顾客或快时尚潮流型顾客，效果立竿见影，能在短时间内达到理想的营销效果。

图4-8　节日主题促销活动

图4-9　新品展示

（二）传递品牌文化

传递品牌文化多用于一些高端品牌，用于提升和传播品牌形象，比较适合针对注重品牌风格和文化的消费群体。这类橱窗商品信息量较少，一般没有或少有商品的价格、款式等方面的销售说明，更多呈现商品本身以外的艺术效果。设计手法多追求与其品牌相适应的感受，如高雅、大气、清新等，概念抽象，针对性强，追求长时间的品牌文化建设效应（图4-10、图4-11）。

图4-10　传递品牌文化1

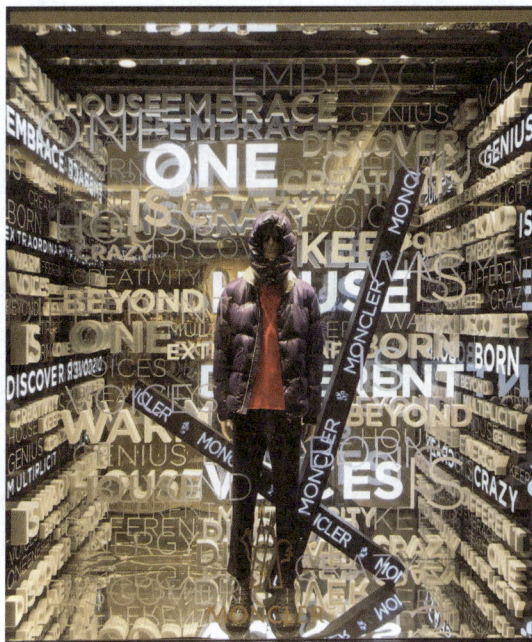

图4-11　传递品牌文化2

实际上，强调销售信息和传递品牌文化两种功能在橱窗设计中常常紧密结合。陈列师需要充分了解商品品牌的定位及销售策略，根据实际情况加以选择性强调，比如小型的零售店铺橱窗多以展示商品销售信息为主，大型百货商店的一些橱窗则经过一定的艺术设计创作，使相关品牌得到关注或引起轰动的效果。

四、橱窗的设计原则

一个成功的橱窗取决于设计师高超的创造力和陈列技巧，所以橱窗设计方案和设计手段至关重要。在进行设计之前，对橱窗设计的原则进行分析和探讨也是必要的工作，只有掌握了橱窗设计的基本原则，才能进一步思考设计方案和设计手段。

（一）符合消费者心理

橱窗展示应把符合消费者需求的商品按照消费者期待尽可能地呈现出来，从而与消费者产生共鸣。消费者对环境刺激反应相对比较强烈，只有当商品置于切实的环境中才能引起消费者最大的购买欲。

（二）突显品牌文化

橱窗可以反映一个品牌的个性、风格和对文化的理解，因此，陈列师可以通过对橱窗进行简洁及艺术化处理，使橱窗格调高雅，追求日积月累的宣传效应，塑造品牌一贯的风格和定位，凸显品牌魅力（图4-12、图4-13）。

图4-12　拉夫劳伦橱窗

图4-13　路易威登橱窗

（三）明确主题风格

橱窗设计必须有明确的主题。判断一个橱窗的优劣，首先要看它的主题是否清晰、鲜明，风格是否突出，表现形式是否生动，是否能够打动人心。主题鲜明且风格突出的橱窗陈列可以做到暗示、引导、启发和感染消费者，强化品牌表达的认同意识，激发顾客购买欲望（图4-14、图4-15）。

图4-14　主题风格明确的橱窗1

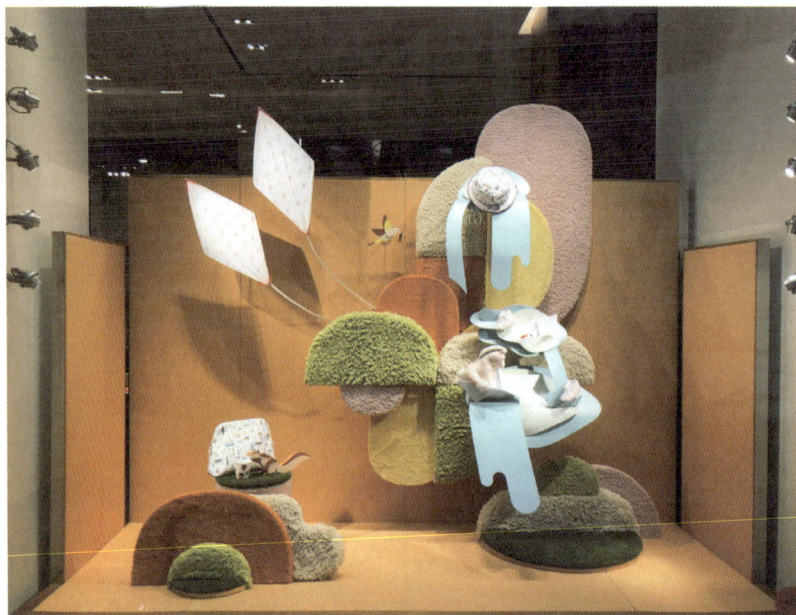

图4-15　主题风格明确的橱窗2

（四）橱窗和卖场形成整体

　　橱窗是卖场的一部分，在布局上要与卖场的整体陈列风格吻合，形成一个整体（图4-16）。在空间规划上要注重橱窗与卖场整体空间的协调，如果卖场的装修装饰设计以简洁为主，橱窗就不能设计得太繁复；如果卖场以典雅、复古为主，橱窗设计也不能太现代。通透式的橱窗不仅要考虑和整个卖场的风格协调，还要考虑和橱窗靠近的几组货架的色彩协调性。

图4-16　橱窗和卖场形成整体

五、橱窗的风格

　　随着品牌定位的不断细化，橱窗的设计风格也呈现百花齐放的景象，很难严格进行区分和归类，因为橱窗设计中有时会采用几种不同的设计语言。为了比较清楚地了解橱窗的风格，进行借鉴和学习，介绍如下三种比较典型和常见的橱窗风格。

（一）简洁明快风格

这类橱窗设计风格相对比较简洁明快、格调高雅，使用范围最广，几乎涉及中高档服装或大众品牌服装。主要设计构思就是用简练的语言，让消费者把更多的目光投射到服装本身，道具只是配角（图4-17、图4-18）。橱窗的背景简洁，为了弥补橱窗的单调性，橱窗设计更强调服装色彩搭配以及人形模特的组合形式。

图4-17　简洁明快风格1

图4-18　简洁明快风格2

（二）生活场景风格

这类橱窗主要是以一种场景式的设计手法，来讲述一个品牌故事。这类风格比较写实，有亲和感，容易拉近与消费者的距离，使消费者很容易融入或者代入橱窗营造的场景氛围中（图4-19、图4-20）。

图4-19　生活场景1

图4-20　生活场景2

（三）奇异夸张风格

橱窗的功能就是为了吸引人，因此奇异夸张的设计手法也是另一种常用的手法，可以赢得路人的关注。这往往需要巧妙的构思创意，结合非常规的设计手法，来表现和追求视觉上的冲击力和感染力（图4-21、图4-22）。

图4-21　奇艺夸张风格1

图4-22　奇艺夸张风格2

【任务实施】

（一）准备阶段

（1）分解任务，明确任务目标。
（2）完成橱窗调研工作。
①了解品牌风格定位。
②收集近期橱窗照片5~6张。

（二）实施阶段

（1）从橱窗构造角度了解品牌店铺橱窗规格。
（2）从橱窗类型角度了解品牌店铺橱窗类型。
（3）从橱窗风格角度了解品牌店铺橱窗主要风格。
（4）试说明品牌定位和橱窗风格关系。

（三）任务要求

（1）以小组形式完成任务，每组3~4人。

（2）以PPT形式汇报。

【任务评价】

任务评价考核表如表4-2所示。

表4-2　任务评价考核表

评分任务	分值（总分100）	评分条件	评分要求（分值）	自评	教师评价
阐述品牌定位	20	1. 能够阐述品牌风格 2. 能够阐述消费者定位	每项分值10分，其中每项具体细化分值： 1. 能阐述风格/定位 （10） 2. 能阐述风格/定位，但是不够全面 （5） 3. 不能阐述风格/定位 （0）		
分析橱窗	40	1. 能够识别辨析橱窗构造 2. 能够辨析橱窗风格 3. 能够辨析橱窗类型 4. 能够辨析橱窗传达诉求	每项分值10分，其中每项具体细化分值： 1. 能阐述清楚 （10） 2. 能阐述，但是不够全面 （5） 3. 不能阐述 （0）		
素质素养	40	1.PPT制作精美 2.语言表达流畅 3.语言组织有逻辑 4.汇报礼仪得体	每项分值10分，其中每项具体细化分值： 1. 能很好完成 （10） 2.能较好完成 （7.5） 3.能基本完成 （5） 4.完成度较差 （2.5） 5.不能完成 （0）		

【学习笔记】

【知识题库及答案】

（一）多选题

1. 橱窗一般由（ ABCD ）组成。

A. 底部　　　　　　　B. 顶部　　　　　　C. 背板　　　　　　D. 侧板

2. 服装店铺橱窗的基本原则（ ABCD ）。

A. 符合消费者心理　　　　　　　B. 突显品牌文化

C. 明确主题风格　　　　　　　　D. 橱窗和卖场形成整体

3. 根据构件的完整程度，橱窗一般分为（ ABC ）类型。

A. 封闭式橱窗　　　　　　　B. 半通透式橱窗　　　C. 通透式橱窗

4. 服装店铺橱窗常见和典型的风格（ ABC ）。

A. 简洁明快风格　　　　　　　B. 奇异夸张风格　　　C. 生活场景风格

5. 橱窗设计原则有（ ABCD ）。

A. 符合消费者心理　　　　　　　B. 突显品牌文化

C. 明确主题风格　　　　　　　　D. 橱窗和卖场形成整体

（二）判断题

1. 橱窗是店面的"眼睛"，是店铺内商品"精英"的展示舞台，集中品牌或店铺中最敏感的信息，具有直观展示的效果。（√）

2. 半通透式橱窗的背板和侧板可采用半隔绝、半通透的材料，如喷砂玻璃、半透明的塑料、带镂空花纹的板材等。（√）

3. 简洁明快风格的橱窗比较写实，有亲和感，容易拉近与消费者的距离，使消费者很容易融入或者代入橱窗营造的场景氛围中。（×）

4. 橱窗的作用一方面是强调销售信息，另一方面是传播品牌文化。（√）

5. 橱窗设计主要采用平面构成和空间构成的原理，通过对称、均衡、节奏、对比等构成手法，进行不同的构思和规划。（√）

6. 封闭式橱窗底部要高出人行道50~80cm，以行人的平视线角度为基准，结合卖场的实际规模而定。（×）

7. 生活场景风格的橱窗格调高雅，使用范围最广，几乎涉及中高档服装或大众品牌服装。（×）

8. 橱窗中的电源接口隐藏在两侧靠近橱窗玻璃处既不容易被发现，还能制造声、光、动态气氛。（√）

【操作技能题库】

1. 调研一家品牌店铺橱窗并进行拍摄，具体要求如下。

（1）分析所调研的橱窗的地理位置，外观情况。

（2）大致画出所调研橱窗的陈列情况（标注橱窗的构件部分）。

（3）注明所调研的橱窗的类型，并分析其特色。

（4）简要说明橱窗的色调、陈列商品与季节、节日的匹配情况。

（5）找一家与调研风格相近的橱窗进行对比，分析其优势所在。

（6）给所调研的橱窗陈列提一条建议（色彩方面、风格方面、展品方面等）。

2. 调研一家服装店铺，从该店铺橱窗具体展示情况，分析推导以下内容。

（1）分析该店铺商品的整体营销计划及主题商品。

（2）说明店铺橱窗的结构、功能、材质。

任务 2 人形模特组合陈列

【思维导图】

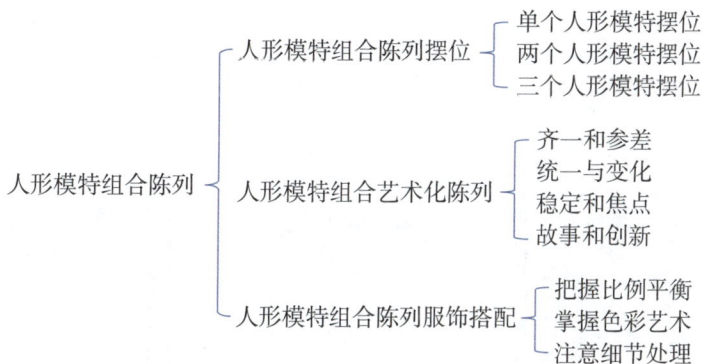

【任务导入】

某品牌波段上新，陈列师要调整橱窗3个人形模特组合摆位陈列和服饰组合搭配。

（一）知识目标

（1）掌握人形模特组合摆位方法及形式美法则。

（2）掌握服饰组合搭配方法。

（二）技能目标

（1）能陈列人形模特组合。

（2）能根据橱窗人形模特组合搭配系列服装。

（三）素质目标

（1）具有人形模特组合的艺术审美。
（2）具有服饰搭配的时尚美。

【知识学习】

目前，国内大多数服装品牌销售终端的主力卖场，主要以单门面和双门面为主，除了一些大型商场外，专卖店的单个橱窗宽度基本在1.8~3.5m，橱窗的深度通常在0.8~1m。每个橱窗都有一些基本的构成要素，如服装、人形模特、道具、背景、灯光等，而人形模特道具和服装产品是橱窗中最主要的元素，这两种元素决定了橱窗的基本构架和造型。一旦在橱窗展示中运用了人形模特，那么人形模特陈列方式的变化将会是多数消费者的关注点，所以陈列师要注重人形模特陈列方式的设计，对人形模特进行组合和变化，产生间隔、呼应和节奏的效果来使消费者产生兴趣。

一、人形模特组合陈列摆位

（一）单个人形模特摆位

单个人形模特的陈列比较单调，一般通过改变人形模特的身体朝向与背景的搭配来形成特色（图4-23）。为了使陈列的视觉更丰富，单个人形模特的陈列也经常与陈列道具进行组合。

图4-23　单个人形模特

（二）两个人形模特摆位

两个人形模特并排陈列，且在橱窗内居中位置时，会形成视线集中和整齐的效果，但变化感不足。为了达成人形模特陈列变化、活泼的视觉效果，可采取调整人形模特姿势、脸部方向、人形模特位置或者借助展具或饰品摆放的措施（图4-24）。

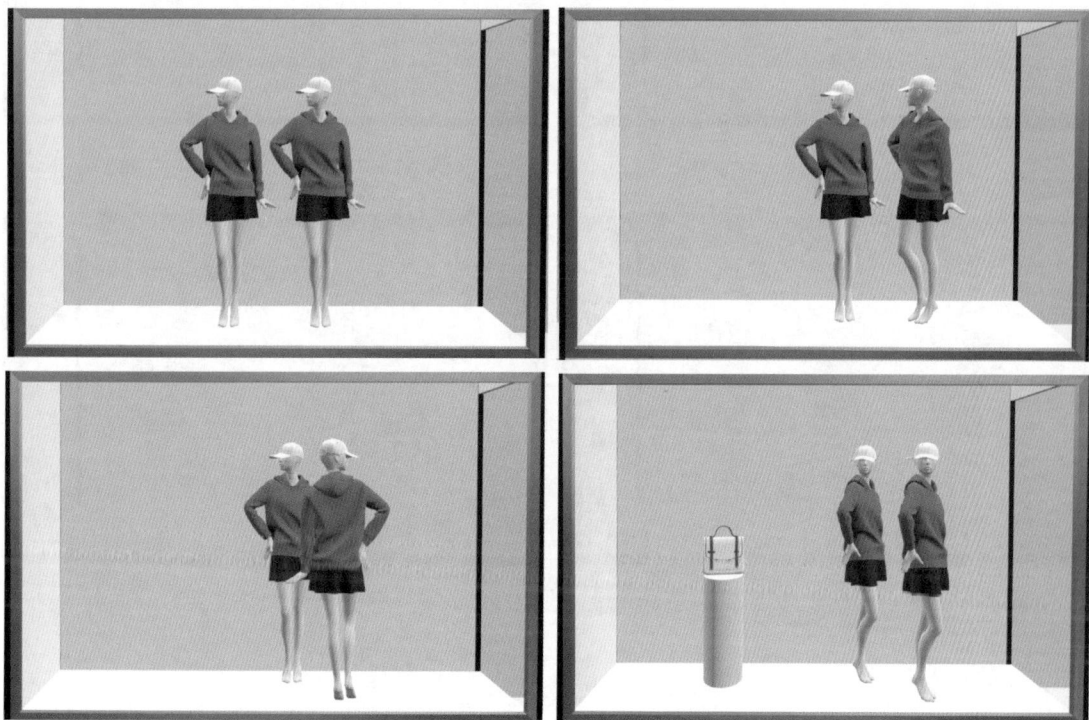

图4-24　两个人形模特（不同角度组合）

（三）三个人形模特摆位

三个人形模特要形成阵势，应该注意动感和协调性以及相互之间的呼应。常见的变化方法有以下四种。

1. 横向位置的变化

人形模特只是在横向的间距上进行变化，前后不变化，整个组合既保持一种规则的美感，又透出一丝有趣的变化。

（1）横向等距摆位（图4-25）。

（2）横向不等距摆位（图4-26）。

2. 前后位置的变化

人形模特在前后位置上进行变化，可以使橱窗空间产生层次感。

（1）前后变化，横向等距摆位（图4-27）。

（2）前后变化，横向变化摆位（图4-28）。

图4-25　三个人形模特（横向等距）

图4-26　三个人形模特（横向不等距）

图4-27　三个人形模特（前后变化，横向等距）

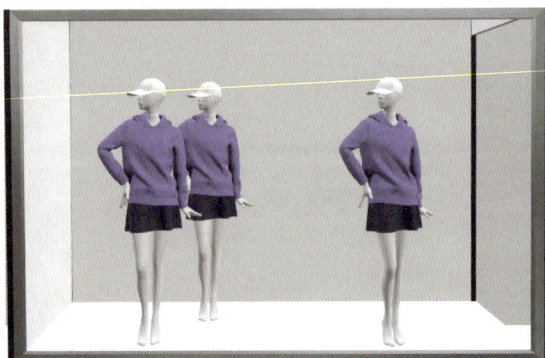

图4-28　三个人形模特（前后变化，横向变化）

3. 高低不同的变化

为了使人形模特展示更加生动和丰富，陈列师可以选用坐姿人形模特或在个别人形模特下增加基础台，使人形模特组合呈现高低起伏节奏感（图4-29）。

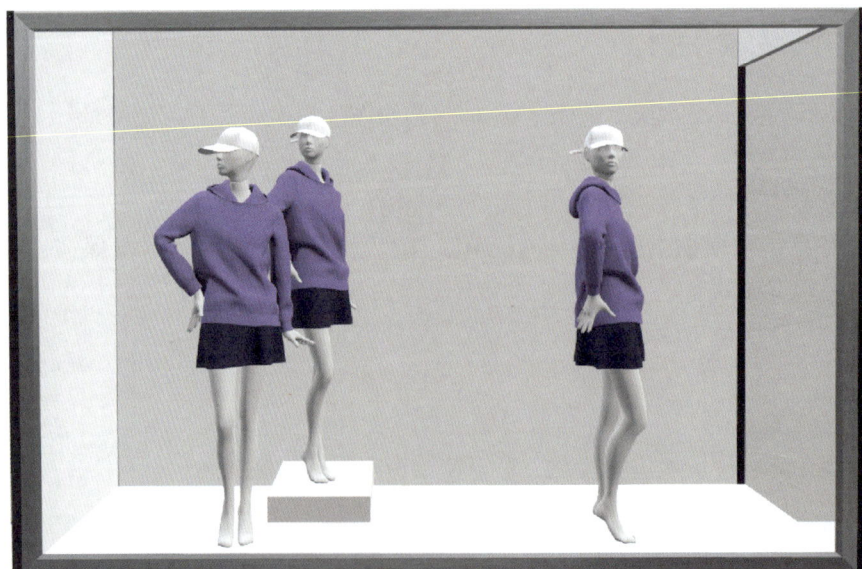

图4-29　三个人形模特（高低不同的变化）

4. 朝向的变化

在设计人形模特陈列方式时，还可以变化人形模特的朝向（图4-30）。不同朝向的姿势结合不同陈列位置的人形模特展示，具有情节感和故事性。

图4-30　三个人形模特（角度和朝向的变化）

二、人形模特组合艺术化陈列

在实际运用中，陈列师会综合使用前述人形模特组合陈列摆位方法，结合人形模特姿势的变化获得更多陈列组合方案。

人形模特陈列作为橱窗视觉营销的一个组成部分，不仅需要丰富的形式感，还需要体现形式美，以此来吸引顾客，促进销售。人形模特陈列组合是否呈现美感主要可从以下四个方面考量（表4-3）。

表 4-3　人形模特陈列组合

序号	形式美	解决方案	目的
1	齐一（图4-31）和参差（图4-32）	齐一：人形模特的朝向、间距、高度保持统一规律	形成次序感、条理感，传达单纯、平和、规律之美
		参差：人形模特正反组合陈列，或者左右、上下、前后等明显距离变化陈列	形成活泼的视觉感受

序号	形式美	解决方案	目的
2	统一与变化 （图4-33）	先分析人形模特之间的整体结构关系，通过有意识地分组对人形模特进行归纳，在人形模特组合陈列整体统一中寻求局部人形模特变化陈列	形成整体、简洁、紧凑又节奏明晰的陈列
3	稳定和焦点 （图4-34）	稳定：上下变化陈列形成的三角形构图，左右、前后分散陈列形成的水平线构图能满足视觉心理上静止稳定感。人形模特分组陈列摆放之间或与橱窗整体之间的不稳定可通过增加道具或调整人形模特前后位置等方法达成新的稳定	满足"向往稳定"的视觉要求
		焦点：把人形模特组合的焦点设计在橱窗的中心位置附近，然后根据顾客的主视角，确定人形模特的视线和朝向	制造适宜的焦点，更容易吸引消费者
4	故事和创新 （图4-35）	制造故事气氛，精心安排每个人形模特的角色、认真仔细地推敲与研究人形模特的动作，并进行造型的创新	使呆板的人形模特群组看起来更加生动，让消费者进行联想，进而感动消费者

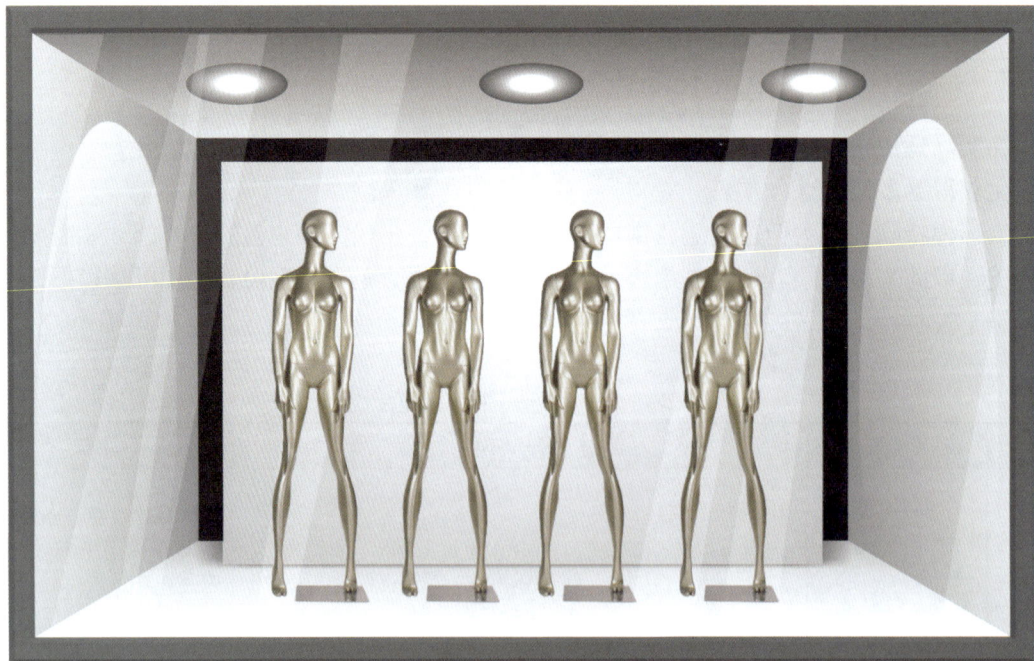

图4-31　齐一的人形模特组合摆位

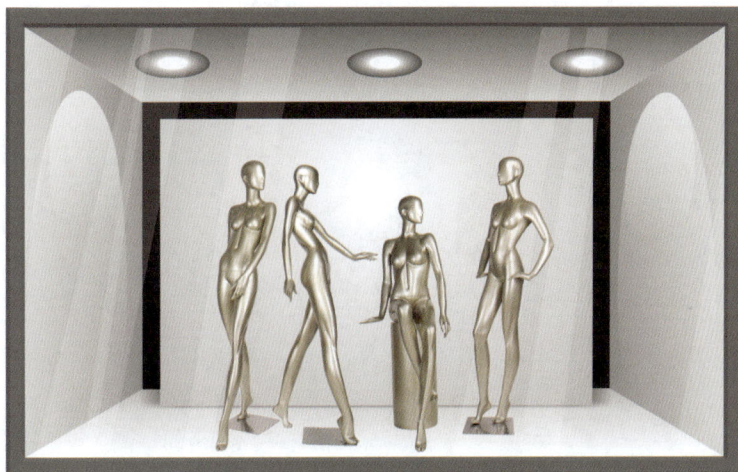

图4-32　参差的人形模特组合摆位

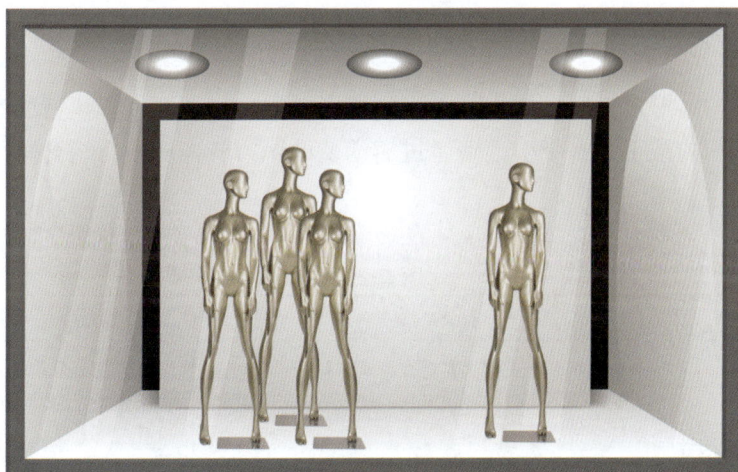

图4-33　统一与变化的人形模特组合摆位

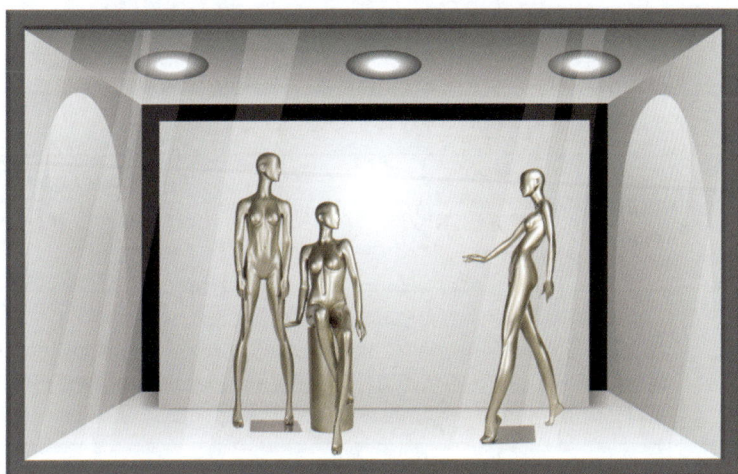

图4-34　稳定和焦点的人形模特组合摆位

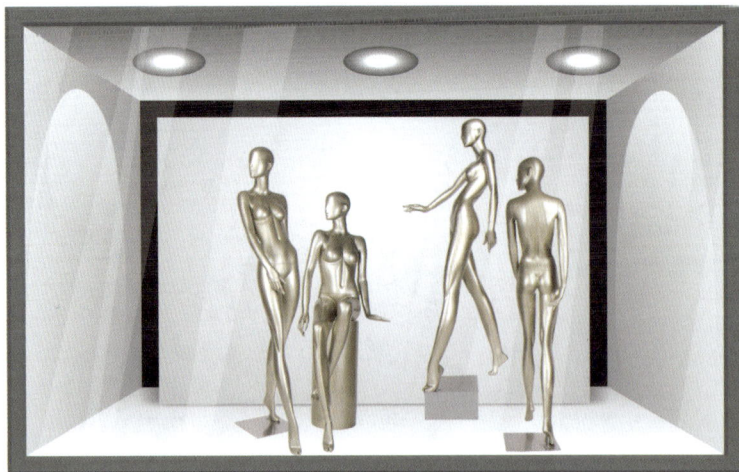

图4-35　故事和创新的人形模特组合摆位

三、人形模特组合陈列服饰搭配

橱窗里动人的人形模特组合展示是吸引消费者的第一步，而人形模特服饰时尚的组合搭配，更是美丽画面的推手，有吸引消费者进店消费的魔力。人形模特组合陈列服饰搭配方案如表4-4所示。

表4-4　人形模特组合陈列服饰搭配方案

序号	时尚美	解决方案	目的
1	把握比例平衡（图4-36）	身材比例平衡：把上衣扎在裤子或裙子里、短款上衣配高腰下装、用腰带来强调腰线等方式优化人形模特身材比例	符合黄金分割定律，使人形模特身形比例看上去更加优美、更加舒适和谐
		露肤比例平衡：把握露肤的比例关系，如人形模特上装穿的是露肩的款式，下装就搭配长裤或长裙	让人形模特服饰搭配变得高级、时髦
		款式搭配平衡：注意服装款式关键要素如廓型、结构形态、图案纹样、工艺元素等在人形模特之间反复出现。注意关键要素在人形模特组合搭配中大小、长短、繁简、疏密等形式上的变化	同系列差异化服装组合搭配，使橱窗视觉效果协调统一又风格鲜明
2	掌握色彩艺术（图4-37）	精简色彩数量：人形模特组合搭配一般不超过3种颜色	太过繁杂的色彩搭配会使服装看上去很廉价，也会给顾客的视觉造成一定的压迫感
		巧用色彩关联：色彩在人形模特服装不同部位或者不同人形模特之间相互照应。错落有致地使用不同面积比的同一个色彩在人形模特组合服装中穿插搭配	可达成视觉的和谐感、节奏感，在整体中带着不俗的品位
3	注意细节处理（图4-38）	增加一些服饰品或处理一下衣服的褶皱，外套披肩穿、叠穿等方式展现当下流行穿搭方式等	使人形模特组合陈列更加生动、时尚

图4-36　把握比例平衡搭配

图4-37　掌握色彩艺术搭配

图4-38　注意细节处理搭配

【任务实施】

任务实施表如表4-5所示。

表 4-5　任务实施表

实施步骤	实施程序	备注
准备阶段		
沟通	分解任务，明确任务目标	
评估	1. 评估橱窗实际情况 2. 了解陈列季节指引波段上货计划 3. 了解橱窗出样产品特点 4. 了解人形模特安装方法	
实施阶段		
调整人形模特组合陈列	1. 卸下人形模特身上服装 2. 系列服装组合搭配 3. 给人形模特着装 4. 人形模特摆位陈列（显示服装产品卖点） 5. 服装细节调整	
实施后		
成果	（照片、效果图）	
总结		

【任务评价】

任务评价考核表如表4-6所示。

表 4-6　任务评价考核表

评分任务	分值（总分100）	评分条件	评分要求（分值）	自评	教师评价
模特摆位	60	模特摆位符合形式美 1. 齐一和参差 2. 统一与变化 3. 稳定和焦点 4. 故事和创新	每项得分15分，其中每项具体细化得分： 1. 符合任务要求，整体任务视觉呈现效果好（15） 2. 符合任务要求，整体任务视觉呈现效果较好（12） 3. 符合任务要求，整体任务视觉呈现效果一般（9） 4. 符合任务要求，整体任务视觉呈现效果欠佳（4.5） 5. 与形成性考核任务要求不一致（0）		
服饰搭配	30	服饰搭配符合时尚美 1. 把握比例平衡 2. 掌握色彩艺术 3. 注意细节处理	每项得分10分，其中每项具体细化得分： 1. 符合任务要求，整体任务视觉呈现效果好（10） 2. 符合任务要求，整体任务视觉呈现效果较好（8） 3. 符合任务要求，整体任务视觉呈现效果一般（6） 4. 符合任务要求，整体任务视觉呈现效果欠佳（3） 5. 与形成性考核任务要求不一致（0）		
素质素养	10	1.具有良好探究精神 2.具有团队合作精神 3.任务实施符合职业规范	1.符合任务要求，整体任务呈现效果好（10） 2. 符合任务要求，整体任务呈现效果较好（8） 3.符合任务要求，整体任务呈现效果一般（6） 4. 基本符合任务要求，整体任务呈现效果欠佳（5） 5. 与形成性考核任务要求不一致（0）		

【知识题库及答案】

（一）单选题

1. 统一与变化的人形模特组合陈列形式（ C ）。

A. 给人以次序感、条理感，传达单纯、平和、规律之美

B. 形成活泼的视觉感受

C. 形成整体、简洁、紧凑又节奏明晰的陈列

D. 更容易吸引消费者

2. 人形模特组合搭配一般不超过（ A ）个颜色。

A. 3　　　　　　　　B. 2　　　　　　　　C. 4　　　　　　　　D. 5

3.（ B ）服装组合搭配，使橱窗视觉效果协调统一又风格鲜明。

A. 同系列 　　　　B. 同系列差异化 　　　C. 不同系列

4. 人形模特展示要有情节感，（ A ）是可采用的形式。

A. 三角形构图 　　　B. 平行构图 　　　　C. 散点构图

（二）多选题

1. 人形模特组合陈列形式美包含（ ABCD ）。

A. 齐一和参差 　　B. 统一与变化 　　　C. 稳定和焦点 　　　　D. 故事和创新

2. 人形模特组合陈列服饰搭配时尚美包含（ ABC ）。

A. 把握比例平衡 　　B. 掌握色彩艺术 　　C. 注意细节处理

3. 人形模特服装组合搭配中的巧用色彩关联指（ ABC ）。

A. 色彩在人形模特服装不同部位或者不同人形模特之间相互照应

B. 错落有致地使用不同面积比的同一种色彩在人形模特组合服装中穿插搭配

C. 人形模特组合搭配一般不超过3种颜色

（三）判断题

1. 国外某大学的专家曾经做过实验，得出衣着暴露程度约40%的女性，获得异性青睐的程度最高的结论。（ √ ）

2. 同系列差异化组合搭配，使橱窗视觉效果协调统一又风格鲜明。（ √ ）

3. 齐一的人形模特组合陈列形式要求人形模特的朝向、间距、高度要保持基本统一规律。（ × ）

4. 人形模特服装组合搭配中的细节处理可以使人形模特组合陈列更加生动、时尚。（ √ ）

5. 除了一些大型商场外，专卖店的单个橱窗宽度基本在2.8~4.5m，橱窗的深度通常在0.8~1m。（ × ）

6. 两个人形模特的陈列摆位，一般由人形模特的姿势和脸部方向来调整。（ √ ）

【操作技能题库】

1. 人形模特组合实际操作练习。

通过对人形模特（3个左右）进行横向、前后、身体朝向的变化练习，感受在不借助其他道具、展具的情况下，改变组合方式所得到的不同视觉感受。

（1）横向位置的变化（横向等距、横向不等距）。

（2）纵向位置的变化（前后变化，横向等距；前后变化，横向不等距）。

（3）身体朝向的变化。

2. 人形模特着装组合变化练习。

在改变人形模特排列组合的同时，尝试改变人形模特身上的服装搭配以获得更多趣味性的变化。

（1）服装色彩的角度（系列装、同色系服装）。

（2）服装款式的角度（服装长短、内外搭配）。

（3）服装材质的角度（不同面料质地的组合）。

（4）服装穿着方式的角度（叠、穿、系、搭、披等）。

任务 3 橱窗组装

【思维导图】

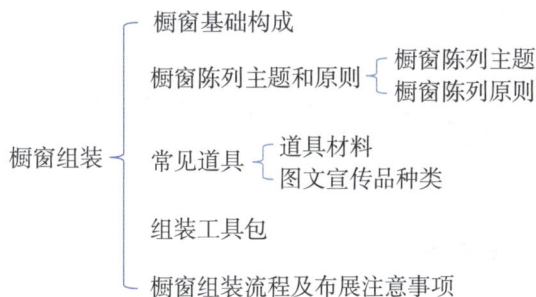

【任务导入】

2月8日，某女装品牌设计策划了春季橱窗企划案，并将该橱窗设计方案的道具配发给了全国各家门店。要求在2月14日前一周配合品牌节日企划案，完成橱窗组装布展工作。某门店橱窗将根据图4-39~图4-43所示执行橱窗道具组装布展工作。请根据品牌营销企划主题下的橱窗道具安装指引完成以下3个任务。

橱窗设计主题：朝花夕拾

　　时光如梭，岁月静好。在女性眼里时钟不是催人老的古板装置，而是提醒着女性抓紧美好时光演绎精彩人生的仆人，这便是朝花夕拾，这便是花样人生。

·设计思路

布展样品

橱窗效果图

图4-39 橱窗主题及效果图

"朝花夕拾"橱窗主题道具配货及材料选用说明

A类橱窗 4~5m宽

	数量
1.时钟	1个
2.时钟装饰花卉组	1组
3.花卉群组(悬挂)	2组
4.单花组合A1(散件)	无
5.单花组合A2(带支架)	无
6.单花组合B(带支架)	无

B类橱窗 3~4m宽

	数量
1.时钟	1个
2.时钟装饰花卉组	1组
3.花卉群组(悬挂)	2组
4.单花组合A1(散件)	2组
5.单花组合A2(带支架)	无
6.单花组合B(带支架)	无

C类橱窗 2~3m宽

	数量
1.时钟	1个
2.时钟装饰花卉	无
3.花卉群组(悬挂)	1组
4.单花组合A1(散件)	1组
5.单花组合A2(带支架)	无
6.单花组合B(带支架)	1个

1.材料选用：

· 时钟：有机板指针+金属底座+木塑板钟面UV印刷图案

· 时钟装饰花卉：金属管喷漆+木塑烤漆花卉

· 花卉群组：透明亚克力+雕刻花卉图案贴片

· 单花：木塑雕刻3种尺寸约16个

· (非悬挂橱窗用)单花底座：金属底板支架

图4-40　物料清单

"朝花夕拾"橱窗主题道具安装指引

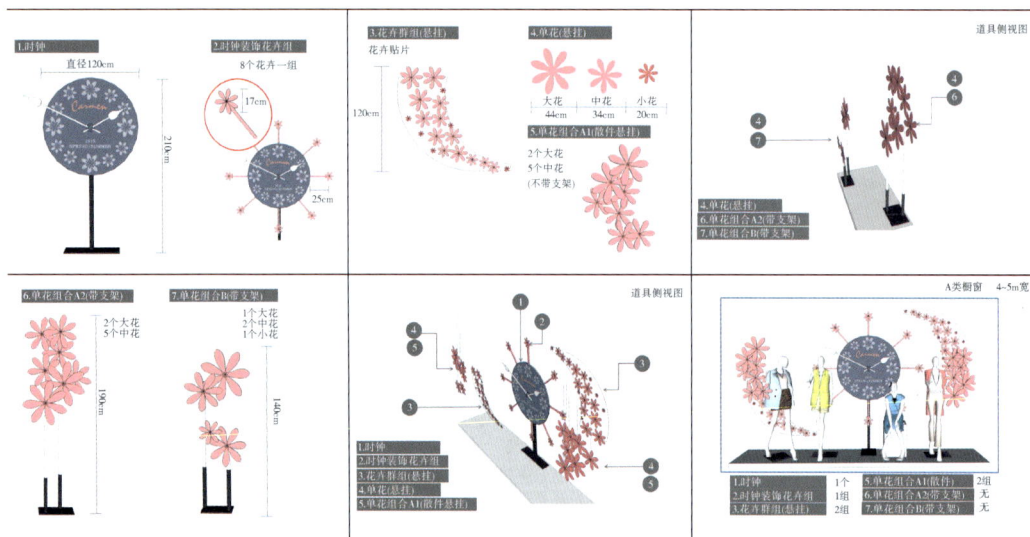

图4-41　道具安装指引1

（1）准备橱窗组装工具包。

（2）根据橱窗规划布展流程。

（3）根据产品企划主题组装橱窗。

"朝花夕拾"橱窗主题道具安装指引

图4-42　道具安装指引2

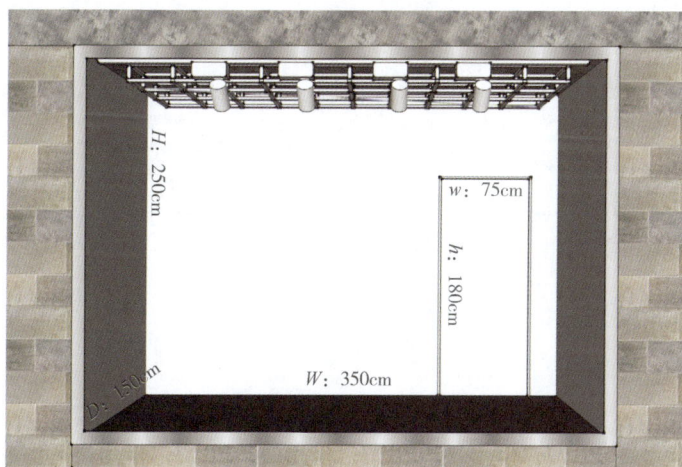

布展橱窗尺寸：
高：250cm
宽：350cm
深：150cm

门洞尺寸：
高：180cm
宽：75cm

其他信息：
–是否有悬挂网架：有
–射灯数：4盏

图4-43　待布展门店橱窗尺寸

（一）任务要求

（1）团队协作，每组3~4人。
（2）制作橱窗组装流程表。
（3）根据橱窗主题制作橱窗人形模特服装搭配方案。
（4）制作橱窗布展反馈书。
（5）上交格式：PPT。

（二）知识目标

（1）了解橱窗安装规范流程。

（2）了解橱窗布置所需工具和注意事项。

（3）了解橱窗陈列标准。

（三）技能目标

（1）能整理一套橱窗道具组装工具包。

（2）能根据橱窗企划实施要求执行橱窗布展。

（3）能根据橱窗企划方案搭配人形模特服装。

（4）能将橱窗展品尽可能展示出最优效果。

（5）能收集整理橱窗反馈信息。

（四）素质目标

（1）具备独立学习、主动学习习惯及良好的探究精神。

（2）具有标准意识和精益求精的工匠精神。

（3）具有正确的劳动观和良好的劳动习惯以及珍惜劳动成果、严守企业信息的理念，秉持良好的职业道德。

【知识学习】

一、橱窗基础构成

人形模特、商品、道具、场景、灯光是橱窗的五个基础元素。受橱窗的大小、尺寸、装修形式的影响，五个基础元素的数量也会有所不同，从而应用不同的组合。

二、橱窗陈列主题和原则

（一）橱窗陈列主题

根据企划主题和品牌理念表达不同，橱窗陈列主题可分为节日陈列、季节陈列、促销陈列、故事陈列、主题陈列、系列陈列、生活方式陈列、综合陈列。

其中，节日陈列橱窗以节日的文化色彩为主，诉求感性、娱乐性和审美性，常采用戏剧化的情节场面，创造出热闹、欢乐、喜庆的氛围。季节陈列橱窗要根据春、夏、秋、冬不同季节的色彩变化、场景变化，突出具有季节特征的元素和表现手法。而促销陈列橱窗则要突出促销主题，一般没有过多装饰性道具，不管是图文宣传品还是人形模特展示的服装，都清晰地围绕着促销折扣主题，让顾客一眼便知促销信息。

（二）橱窗陈列原则

1. 明确

陈列结构要明确清晰，要准确表达出展品的设计特色和优势。

2. 整洁

橱窗是无声的广告，从一开始设计布展就要有清洁感并时刻注意维护保养。

3. 简练

橱窗内饰的用量要适度，与橱窗大小要成比例，不能无节制地使用装饰，一般来讲为了突出商品质感，越贵重的物品装饰越少。

4. 统一

为了带给观众鲜明印象，同一组物品陈列，无论色彩、材质都要统一。

5. 分组

橱窗中展品的摆放要注意分组，以便逐步吸引参观者的注意，如果没有分组，就无法引导参观者清晰地、有重点地观看展品，会让人觉得视线混乱。

6. 留白

留白是指在陈列载体的空间留下相应空白。适度的留白可以表现视觉重点，突显物体的本身，直接简单地传递信息，以体现商品的价值感。

7. 立体

陈列要有空间感，远近、高低要分明。

8. 点缀

注意使用能突出主题的物品来进行点缀，不但能营造气氛还利于将远处的观众吸引过来。

三、常见道具

（一）道具材料

瓦楞纸、特种纸、木板、KT板、PVC板材、ABS板材、亚克力、塑料泡沫、保利龙、吹塑材料、玻璃钢、纺织纤维材料、装饰性灯具等。

（二）图文宣传品种类

灯箱片、灯箱布、相纸、背胶画等。

四、组装工具包

常用工具有：热熔胶枪及胶棒、502胶、万能胶、3M双面胶、泡沫胶、美工刀、卷尺、钢尺、剪刀、多功能螺丝刀套装、喷水壶、肥皂液、遮盖贴、别针、抹布、塑料刮片、隔热绝缘手套等。

其中，热熔胶枪、胶棒、502胶、万能胶、双面胶、泡沫胶主要用于道具的粘接和修补；卷尺用于橱窗和道具尺寸的测量；剪刀、美工刀和钢尺用于道具的裁剪切割；多功能螺丝刀套装用于螺丝固定类道具的组合安装；喷水壶、肥皂液、塑料刮片、抹布用于带背胶的宣传品铺设；别针用于服装或道具的塑修整形；隔热绝缘手套用于灯光照明调整。

五、橱窗组装流程及布展注意事项

（1）在非营业时间或者日客流最少时段进行橱窗布展组装，尽快结束。

（2）保持橱窗清洁，戴手套、脱鞋进入橱窗。

（3）对前一次的橱窗布展进行清理（拆钉、修补）。

（4）脱下人形模特旧款展示服装，如有必要，将人形模特移出橱窗。

（5）组装道具，道具组装程度要考虑橱窗入口大小，避免道具无法进入橱窗。

（6）如更换广告宣传图要在墙面喷洒肥皂水、排气泡，达到平整无褶皱、无气泡效果。

（7）如安装玻璃贴纸标识道具需使用转移贴。

（8）需要布置标识牌时，一般把标识牌放在视平线的位置。

（9）铺设涂鸦、霓虹灯、电视屏、投影等，应遵循式样规格清晰、易读、简明扼要的原则。

（10）根据橱窗陈列标准进行道具安装时，固定大件要考虑便于拆除。

（11）大件固定好后，再布置服装人形模特和小装饰，注意橱窗外动线对人形模特站位朝向的影响。

（12）在保证用电安全的情况下，调整橱窗灯光，体现橱窗的重点陈列展示效果。

（13）清洁地台和橱窗外立面玻璃。

（14）以顾客的行动路线和眼光检查作品，进行微调。

（15）对橱窗进行正面拍照存档，记录完成时间，对遇到的布展问题进行备注，将照片和备注信息反馈给陈列设计部门，确认按时执行并完成布展任务，同时便于陈列设计部门优化下次布展道具。

【任务实施】

任务实施表如表4-7所示。

表4-7 任务实施表

实施步骤	实施程序
沟通	与小组成员合作，根据橱窗道具和卖场橱窗现场情况，对任务进行分解，提出问题（记录问题）
准备	了解橱窗道具布展要求，确认橱窗硬件条件（橱窗尺寸大小、门洞位置及大小、是否可悬挂、是否带背墙），预设布展突发的问题。根据提出的问题，通过小组自主学习、教师引导等方式，准备一套解决问题的预案（记录方法、答案）
实施	1. 根据橱窗布展道具要求，搜集对应工具，整理成组装工具包 2. 根据橱窗陈列标准和道具安装说明，制作组装流程表 3. 根据橱窗设计企划主题，制作人形模特服装搭配方案 4. 组装橱窗、调整灯光 5. 收集橱窗布展完成图和布展突发问题，整理成橱窗布展反馈书

续表

实施步骤	实施程序
成果	（照片、效果图）
评价	
调整	（照片、效果图）
总结	

【任务评价】

任务评价考核表如表4-8所示。

表4-8　任务评价考核表

评分任务	分值 （总分100）	评分条件	评分要求（分值）	自评	教师 评价
工具包准备	10	能够根据橱窗组装要求准备相应工具	1. 能齐全准备 （10） 2. 能够准备，但是不够齐全 （5） 3. 不能准备 （0）		
组装流程表设计	20	能够设计组装流程	1. 流程设计完整 （20） 2. 流程设计较好 （16） 3. 流程设计一般 （12） 4. 流程设计欠佳 （6） 5. 不能设计流程 （0）		

续表

评分任务	分值 （总分100）	评分条件	评分要求（分值）	自评	教师 评价
服饰搭配方案	20	能够根据季节指引完成服饰搭配	1. 服饰搭配效果好 （20） 2. 服饰搭配效果较好 （16） 3. 服饰搭配效果一般 （12） 4. 服饰搭配效果欠佳 （6） 5. 不能搭配服饰 （0）		
橱窗组装	30	能够根据季节指引完成橱窗组装	1. 组装橱窗效果好 （30） 2. 组装橱窗效果较好 （24） 3. 组装橱窗效果一般 （18） 4. 组装橱窗效果欠佳 （9） 5. 不能组装橱窗 （0）		
整理布展反馈书	10	能够收集橱窗布展完成图和布展突发问题，整理成橱窗布展反馈书	1. 反馈书编撰完整 （10） 2. 反馈书编撰较好 （8） 3. 反馈书编撰一般 （6） 4. 反馈书编撰欠佳 （3） 5. 不能编撰反馈书 （0）		
素质素养	10	1. 具有良好探究精神 2. 具有团队合作精神 3. 任务实施符合职业规范	1. 符合任务要求，整体任务呈现效果好 （10） 2. 符合任务要求，整体任务呈现效果较好 （8） 3. 符合任务要求，整体任务呈现效果一般 （6） 4. 基本符合任务要求，整体任务呈现效果欠佳 （5） 5. 与形成性考核任务要求不一致 （0）		

【学习笔记】

【知识题库及答案】

（一）填空题

1. 服装卖场橱窗由 人形模特 、商品、道具、场景、灯光 五部分基础元素组成。

2. 橱窗是无声的广告，从一开始设计布展就要有 清洁感 并时刻注意维护保养。

3. 在 非营业时间 或者日客流最少时段进行橱窗布展组装，尽快结束。

4. 在进行带背胶的宣传品铺设时，为避免贴错、起褶皱、有气泡，可先在墙面喷 肥皂液 ，用 塑料刮片 推平表面、挤出气泡。

5. 橱窗组装完成以后，一定要对橱窗进行 正面拍照存档 ，记录完成时间，将其反馈给公司陈列设计部门，确认按时执行并完成布展任务。

6. 需要布置标识牌时，通常要把标识牌放在橱窗的 视平线 的位置。

（二）多选题

1. 常见图文宣传品有（ ACD ）。

A. 灯箱片　　　　　B. 霓虹灯　　　　　C. 相纸　　　　　D. 背胶画

2. 用于带背胶的宣传品铺设的工具有（ ABC ）。

A. 喷水壶　　　　　B. 肥皂液　　　　　C. 塑料刮片　　　　　D. 万能胶

3. 陈列师要通过对橱窗中（ ABCD ）的组合和摆放，来达到吸引顾客进店，激发消费者购买欲望的目的。

A. 服装　　　　　B. 人形模特　　　　　C. 道具　　　　　D. 背景广告

（三）判断题

1. 多功能螺丝刀套装主要用于道具的裁剪切割。（×）

2. 道具安装时，无须考虑固定大件的拆除问题。（×）

3. 如更换广告宣传图要在墙面喷洒肥皂水，排气泡，达到平整无褶皱无气泡效果。（√）

4. 橱窗中展品的摆放要注意分组，以便逐步吸引参观者的注意，如果没有分组，就无法引导参观者清晰地、有重点地观看展品，会让人觉得视线混乱。（√）

5. 橱窗中铺设涂鸦、霓虹灯、电视屏幕、投影等，应遵循式样规格清晰、易读、简明扼要的原则。（√）

6. 橱窗中的留白是指在陈列载体的空间留下相应空白。适度的留白可以表现视觉重点，突显物体的本身，直接简单地传递信息，以体现商品的价值感。（√）

【操作技能练习题】

1. 调研一家有橱窗布展的卖场，针对正在展示的橱窗制作布展反馈书，具体要求如下。

（1）拍照，标注橱窗长、宽、高立体空间尺寸和进入橱窗的入口尺寸。

（2）分析其用到了哪些道具，什么材质，展示形式（支撑或悬挂等）。

（3）说明安装道具需要使用哪些工具。

（4）说明橱窗灯光照明是否合理。

（5）人形模特服装与道具展品主题是否搭配。

（6）说明橱窗硬件配置是否影响橱窗安装效果。

2. 为该卖场橱窗规划布展流程。

任务 4 橱窗维护

【思维导图】

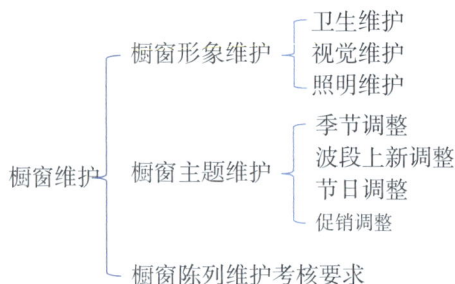

【任务导入】

某日，陈列督导要来店铺巡视，陈列执行小张被店长要求在陈列督导到店前，根据某品牌季度橱窗陈列指引，完成橱窗维护工作，并提交店铺橱窗维护反馈报告。

（一）知识目标

（1）掌握店铺橱窗形象维护、主题维护要点。

（2）了解橱窗维护考核要求。

（二）技能目标

（1）能根据季节指引和陈列标准完成橱窗维护。

（2）培养艺术审美与市场敏锐性。

（三）素质目标

（1）具有标准意识和精益求精的工匠精神。

（2）尊重劳动、热爱劳动，并有举一反三的能力。

【知识学习】

橱窗作为店铺的门面，它的优质程度与店铺进店率密不可分。时刻保持橱窗的清洁、优秀的视觉效果及新鲜的橱窗主题，是打造品牌形象和风格、有效宣传品牌文化、促进销售的重要手段。

一、橱窗形象维护

（一）卫生维护

（1）橱窗每天必须保持通透、明亮、洁净的外观，橱窗玻璃、地板、侧墙、商品及人形模特等道具不可以有灰尘、污渍、印痕等。

（2）橱窗内不可有杂物堆放，人形模特、POP等道具必须保持完好无损，且在正确位置上，橱窗内污损商品及道具必须及时整理或更换。

（3）橱窗中POP为陈列手册规定画面，无拉伸变形、无裁剪、无破损、无卷边、无过期、无张贴不规范等现象。

（4）当橱窗温度过高，胶粘物脱位时，应及时清理更换。

（二）视觉维护

（1）橱窗中服装、配饰及人形模特等道具配置就位时应遵循陈列手册操作要求，无滑落，及时更换变形或变色的织物，确保陈列效果与手册一致。

（2）橱窗中陈列主题为当期推广主题。

（3）人形模特表面无破损掉漆现象，同组人形模特色彩、风格统一。

（4）商品的吊牌须隐藏，橱窗中需要放价签的商品，价签内容正确且摆放位置统一。

（5）植物、花卉凋谢，应及时更换。

（6）根据陈列指引和店铺货品实际销售、库存情况给人形模特着装，人形模特由内而外着装完整，加以配饰并保持一致的色调和风格。

（7）服装选用最合适的尺码，忌过大或过小，商品在穿着之前须熨烫。

（8）人形模特按照造型手册着装，要模仿人真实的穿着状态，在穿着之后要整理领、肩、袖、腰、褶皱、假发及配饰等细节，必要时用别针、拷贝纸做陈列效果。

（9）人形模特在橱窗中摆放位置合理，人形模特之间按一定角度摆放。

（三）照明维护

（1）保持灯具完好，如发现灯泡烧坏、短路，立即更换。

（2）橱窗内灯具要在规定时间内打开且灯光明亮适度。

（3）橱窗照明要有层次感，重点商品照明突出、角度正确，空白地面和墙面无光斑、无空投照射、无眩光。

二、橱窗主题维护

橱窗主题维护即合理频次的调整、更新橱窗主题，保持橱窗新鲜度。保持橱窗主题新鲜感，能赢得追求新鲜感消费者的忠诚度，进而达到促进销售目的。维护橱窗主题新鲜感主要包含季节调整、波段上新调整、节日调整、促销主题调整。

（一）季节调整

在不同的季节，调整不同的色彩组合，形成当季橱窗色彩，刺激顾客的购买欲望，调整方法详见表4-9。

表4-9　橱窗调整的方法

季节	调整方法	元素摄取
春季	明度偏高、纯度偏中，打造充满生机、积极向上、生机盎然的情景	大自然的绿色植物、化，动物中的蝴蝶、鸟类等
夏季	偏冷色调，宜多使用蓝色、白色，运动系列品牌可选择饱和度高、色彩艳丽的颜色	大海相关的海浪、海滩、海星，夏季相关的风扇、空调、冰激凌等（因夏季产品单一，可用配饰丰富橱窗）
秋季	饱和度低、明度低的色彩，展示出沉稳厚重的季节感	秋收相关的麦子、果实等，环境相关的树枝、鸟、落叶、石头等
冬季	偏暖色调，可选择红色、橘色、蓝色等糖果色进行色彩调和，展示冬季温暖的色彩	保暖相关的羽毛、棉花、火炉等，冬季相关的雪花等

（二）波段上新调整

在橱窗里，陈列师通过色彩组合、服装搭配组合、整体造型组合调整表现完整的波段产品主题，可以提升品牌产品附加值，体现与类似品牌的差异化。波段服装产品更换，橱窗整体主题维持不变，主要可更换上新产品的宣传道具及变化人形模特摆位。

（三）节日调整

1. 用节日氛围刺激消费

节日是商品销售的绝好时机，利用节日的氛围，作为店铺"脸面"的橱窗，将成为吸引消费者眼球和聚拢人气最有力的武器。

2. 节日主题橱窗布置的方法

（1）运用节日元素，如春节中的灯笼、发财树、中国结、福袋、来年属相等元素营造出浓浓的节日氛围。

（2）字体元素，如元旦节，可在橱窗展示出元旦促销、特卖等字体字样吸引顾客，促进销售。

（3）故事元素，每个节日都有着自己的故事，利用节日和自己的品牌相结合讲述自己的品牌故事，演绎不同的节日文化。

（四）促销调整

通过在橱窗增加POP或者重新根据活动指引陈列促销主题橱窗，把促销信息醒目直观地展示出来，有效地告知他们打折促销的信息，可以提高消费者对该品牌的关注度和进店率。

三、橱窗陈列维护考核要求

为使橱窗充分、有效发挥商业作用，陈列督导会随时巡查、评估各店铺橱窗维护情况，评估的对象是橱窗卫生、各视觉要素效果及橱窗是否及时更换等。初级陈列师要掌握图4-44

中的内容，以便有针对性执行橱窗陈列。

橱窗基本陈列总则

1.橱窗更换：主题橱窗根据每个季度变化调整二到三次，做到一个季度
一次大调整，每月一次小调整。

2.服装要求：按照服饰大类区分，同一个橱窗的服饰风格要统一。展示
服装一定要有"季节性和吸引顾客"的特点。

3.色彩要求：同一个橱窗内服装"色彩要统一"，不相融的或不搭调的
（即点缀色）色彩不能超过1/4。

4.造型要求：造型饱满，构图力求富有节奏感。

5.搭配要求：人形模特穿着服装不能单一，尽量多件套搭配陈列。

6.服装尺码：人形模特穿着服装尺码不能偏大或偏小，统一规格。

7.服装细节：西服肩部垫衬保持造型饱满，不能扭曲或凹陷，人形模特的
上下装门襟要对齐。

8.服装更换：每周更换一次服装（款式及色彩选择相近或类似的商品，
以免偏离主题），避免灯光长时间照射而褪色。过季产品和
道具要及时撤下、及时更新。

9.道具运用：注意人形模特与道具之间的摆放比例。

10.人形模特姿态：人形模特姿态组合要有情景式，相互之间应疏密有致、
角度生动，避免呆板。

11.橱窗画面：画面保持平整、水平，保证画面精度质量，画面与服装
风格相符。

12.橱窗卫生：保持橱窗道具、背景画面、人形模特底台及玻璃的清洁。

图4-44　橱窗陈列维护考核表

【任务实施】

根据某品牌季度橱窗陈列指引，完成店铺橱窗陈列维护，并提交店铺橱窗执行反馈报告。具体任务流程如下。

（一）准备阶段

（1）分解任务，明确任务目标。

（2）完成店铺橱窗陈列维护前期准备工作。

①查看品牌陈列标准手册和季度橱窗陈列指引，了解橱窗陈列标准。

②了解橱窗形象及商品陈列状态。

③制作完成店铺橱窗执行反馈报告空表。

（二）实施阶段

（1）橱窗陈列维护前拍照。

（2）如实反映橱窗陈列维护前状况。

（3）完成店铺橱窗陈列维护并拍照。

①完成橱窗形象维护。

②完成橱窗主题维护。

（三）收尾阶段

完成店铺橱窗执行反馈报告。

（四）任务要求

（1）以小组形式完成任务，每组3~4人。

（2）任务实施符合企业职业规范。

【任务评价】

任务评价考核如表4-10所示。

表4-10　任务评价考核表

评分任务	分值（总分100）	评分条件	评分标准（分值）	自评	教师评价
形象维护	30	1.卫生维护 2.视觉效果维护 3.照明维护	每项分值10分，其中每项分值具体细化分配： 1. 符合任务要求，整体任务视觉呈现效果好　（10） 2. 符合任务要求，整体任务视觉呈现效果较好　（8） 3. 符合任务要求，整体任务视觉呈现效果一般　（6） 4. 基本符合任务要求，整体任务视觉呈现效果欠佳　（3） 5. 与形成性考核任务要求不一致　（0）		

续表

评分任务	分值（总分100）	评分条件	评分标准（分值）	自评	教师评价
主题维护	40	符合季节指引规范	40~37分：符合任务要求，服装配置、道具搭配好 36~33分：符合任务要求，服装搭配效果较好、道具使用较好 32~29分：符合任务要求，服装搭配效果一般 28~25分：基本符合任务要求，服装波段选择欠佳 24~0分：与形成性考核任务要求不一致		
反馈报告	20	1. 报告撰写符合陈列维护考核表 2. 报告撰写全面、客观、逻辑性强	每项分值10分，其中每次分值具体细化分配： 10~9分：符合任务要求，总体效果好 8~7分：符合任务要求，总体效果较好 6~5分：符合任务要求，总体效果一般 4~3分：基本符合任务要求，总体效果欠佳 2~0分：与形成性考核任务要求不一致		
素质素养	10	1. 具有标准意识 2. 具有执行力	未完成一项扣5分，扣分不得超过10分		

【学习笔记】

【知识题库及答案】

（一）多选题

1. 下列属于节日主题橱窗布置的方法的有（ ABC ）。

A. 节日元素　　　　B. 字体元素　　　　C. 故事元素　　　　D. 人物元素

2. 维护橱窗主题新鲜感主要包含（ ABCD ）。

A. 季节调整　　　　B. 波段上新调整　　　C. 节日调整　　　　D. 促销主题调整

（二）判断题

1. 橱窗每天必须保持通透、明亮、洁净的外观，橱窗玻璃、地板、侧墙、商品及人形模特等道具不可以有灰尘、污渍、印痕等。（ √ ）

2. 陈列手册中没有橱窗POP时，可自行设计并张贴。（ × ）

3. 橱窗中服装、配饰及人形模特等道具配置就位，无滑落，只要美观无须与陈列效果与手册一致。（ × ）

4. 根据销售经验选择橱窗人形模特出样商品即可。（ × ）

5. 当橱窗温度过高，胶粘物脱位时，不必及时清理更换。（ × ）

6. 人形模特按照造型手册着装，要模仿人真实的穿着状态，在穿着之后要整理领、肩、袖、腰、褶皱、假发及配饰等细节，必要时用别针、拷贝纸做陈列效果。（ √ ）

【操作技能题库】

1. 对某品牌橱窗进行实地调研并填写橱窗陈列维护考核表。

要求：

（1）根据陈列维护考核表进行ABC级别认定。

（2）给出陈列调整建议。

2. 某品牌波段上新，请根据陈列季节指引完成橱窗陈列调整。

要求：

（1）符合陈列规范和季节指引要求。

（2）视觉效果好。

参考文献

［1］FAB利益销售法［J］.财务与会计：理财版，2012（10）：67.

［2］魏巍.销售礼仪与沟通技巧培训全书［M］.2版.北京：中国纺织出版社，2015.

［3］孙菊剑.服装零售终端运营与管理［M］.3版.上海：东华大学出版社，2019.

［4］夏春玲.服装门店运营实务［M］.北京：化学工业出版社，2014.

［5］李忠美.新零售运营管理［M］.北京：人民邮电出版社，2020.

［6］冯节，叶红.服装展示与陈列设计［M］.上海：学林出版社，2012.

［7］李晓蓉.服装配色宝典［M］.北京：化学工业出版社，2016.

［8］阿克塞尔·维恩，亚历山大·维恩.Colour Master色彩大师［M］.李静，译.北京：电子工业出版社，2013.

［9］亚当斯，盛冈，斯通.色彩应用：平面设计配色经典创意［M］.于杨，译.北京：中国青年出版社，2007.

［10］汪郑连.品牌服装视觉陈列［M］.上海：东华大学出版社，2020.

［11］韩阳.卖场陈列设计［M］.北京：中国纺织出版社，2006.

［12］汪郑连.橱窗人模组合艺术化陈列探究［J］.染整技术,2021（3）：53–58.

服装陈列设计 （初级）

FUZHUANG CHENLIE SHEJI

- 服装陈列岗位认知 · 服装陈列师素质要求

- 服装商品认知 · 服饰组合搭配 · 产品推介与服务

- 店铺货品陈列 · 店铺陈列调整

- 橱窗认知 · 人形模特组合陈列 · 橱窗组装 · 橱窗维护

责任编辑：张晓芳

中纺教学服务网

中国纺织出版社有限公司
官方微信

上架建议：服装·设计

ISBN 978-7-5229-0314-9

9 787522 903149 >

定价：79.00 元